Thomas Artur Roner

Kundenzufriedenheit

Beschwerdemanagement als Instrument zur Kundenbindung

Diplomica® Verlag GmbH

Roner, Thomas Artur: Kundenzufriedenheit. Beschwerdemanagement als Instrument zur Kundenbindung, Hamburg, Diplomica Verlag GmbH 2008

ISBN: 978-3-8366-6456-1
Druck Diplomica® Verlag GmbH, Hamburg, 2008

Bibliografische Information der Deutschen Bibliothek
Die Deutsche Bibliothek verzeichnet diese Publikation in der Deutschen Nationalbibliografie;
detaillierte bibliografische Daten sind im Internet über
<http://dnb.ddb.de> abrufbar.

Inhaltsverzeichnis

Abkürzungsverzeichnis

AQA	Australian Quality Award
BGB	Bürgerliches Gesetzbuch
bzw.	beziehungsweise
ca.	circa
CRM	Customer Relationship Management
CSI	Customer Satisfaction Index
ebd.	ebenda
EFQM	European Foundation for Quality Management
EQA	European Quality Award
etc.	et cetera
f.	folgende Seite
ff.	fortfolgende Seiten
FRAB	Frequenz-Relevanz-Analyse von Beschwerden
Hrsg.	Herausgeber
o.V.	ohne Verfasser
MBA	Malcolm Baldridge National Quality Award
S.	Seite
vgl.	vergleiche
z.B.	zum Beispiel

Abbildungsverzeichnis

1. Einleitung

Als Folge immer höher gesättigter Märkte und hoher Wettbewerbsintensität wird es für Unternehmen immer schwerer, Neukunden zu gewinnen. „In dieser Situation lassen sich neue Kunden oft nur durch Einsatz hoher Werbekosten gewinnen, die sich nicht durch einmalige Kaufakte, sondern erst über eine Folge von Transaktionen im Rahmen einer längerfristigen Geschäftsbeziehung amortisieren.“ (Stauss, 2006, S. 317) Umso wichtiger ist es demnach, bestehende Kunden auch für künftige Käufe zu behalten. „In der Praxis kann es durchaus fünfmal soviel kosten, einen neuen Kunden zu gewinnen, als einen alten Kunden zufriedenzustellen und im Kundenstamm zu halten.“ (Kotler/Bliemel, 1999, S. 73) Die Wichtigkeit der Bindung aktueller Kunden rückt deshalb immer stärker in den Fokus. „Mit wachsender Einsicht in das ökonomische Potential des bestehenden Kundenstamms rückt *„Kundenbindung“* mehr und mehr in das Zentrum strategischer Überlegungen.“ (Stauss, 2006, S. 317)

Andererseits haben Untersuchungen ergeben, dass ca. 25% der Kunden einen potentiellen Beschwerdegrund haben, sich aber nur ca. 5% der Kunden wirklich beschwert, und nur die Hälfte dieser 5% mit der Lösung ihres Beschwerdeproblems zufrieden ist (vgl. Kotler/Bliemel, 1999, S. 740f.). Da es sich hier um bestehende Kunden handelt macht es Sinn, das Beschwerdemanagement als Instrument zur Kundenbindung zu erörtern. Erst recht, da auf das Beschwerdemanagement in der Literatur zur Kundenbindung kaum eingegangen wird. Dies ist auch der Fall bei Literatur, die sich mit Kundenbindung in der Nachkaufphase beschäftigt, wo der Fokus weiterhin Direct Mail, Kundenklubs und Events sind.

Das Ziel des vorliegenden Buches ist die Erörterung der Frage, wie Beschwerdemanagement zur Kundenbindung beiträgt und wie dabei ein erfolgreiches Beschwerdemanagement gestaltet sein sollte, um dem Ziel der Kundenbindung förderlich zu sein.

Es wird zunächst das grundlegende Verständnis von Kundenbindung und Begriffen, die im Zusammenhang mit Beschwerdemanagement stehen, geklärt (Kapitel 2). In Kapitel 3 wird auf die Relevanz des Beschwerdemanagements für die Kundenbindung eingegangen. Da Beschwerden darauf hindeuten, dass das Ziel der Business Excellence noch nicht erreicht ist, wird in Kapitel 4 überprüft, wie und wo das Beschwerdemanagement in Business Excellence-Konzepten berücksichtigt wird. Da nur ein Beschwerdemanagement mit entsprechenden Zielen erfolgreich sein kann, werden in Kapitel 5 die Ziele des Beschwerdemanagements untersucht. In Kapitel 6 werden die Voraussetzungen für ein erfolgreiches Beschwerdemanagement dargestellt. Schliesslich wird in Kapitel 7 aufgezeigt, wie ein Beschwerdemanagement gestaltet sein und welche Elemente es enthalten sollte, um dem Ziel der Kundenbindung förderlich zu sein.

2. Begriffsklärungen

2.1. Beschwerde

In der Literatur gibt es diverse Definitionen von Beschwerden. Nach Wimmer und Roleff ist eine Beschwerde „... eine vom Kunden ausgehende Artikulation von Unzufriedenheit ..., die sich auf ein konkretes Leistungsangebot ... des Anbieters bezieht und an diesen adressiert ist.“ (Wimmer, Roleff, 2001, S. 319) In diesem Buch wird jedoch der engere Beschwerdebegriff nach Bruhn verwendet, da in diesem die Bewertung des Konsumenten berücksichtigt wird, d.h. dass der Kunde die Beschwerde erst artikuliert, wenn sie für ihn massgeblich und erheblich ist, was durch „subjektiv als gravierend“ zum Ausdruck gebracht wird. Nach Bruhn sind Beschwerden „... Artikulationen der Unzufriedenheit von Konsumenten, die gegenüber Unternehmen vorgebracht werden, wenn der Kunde die wahrgenommenen Probleme subjektiv als gravierend betrachtet.“ (Bruhn, 2003, S. 158)

2.2. Reklamation

Obwohl die Begriffe Beschwerde und Reklamation umgangssprachlich oft synonym verwendet werden, ist eine Differenzierung im Rahmen dieses Buches notwendig. Der Begriff ‚Reklamation' wird in der Literatur meist als Teilmenge der Beschwerde gesehen (vgl. z.B. Stauss/Seidel, 2002, S. 48f.; Schöber 1997, S. 16 oder Graf, 1990, S. 32). Unter Reklamation wird hierbei die Teilmenge von Beschwerden verstanden, in welcher Kunden in der Nachkaufphase Beanstandungen mit einer rechtlichen Forderung verbinden, die gegebenenfalls juristisch durchsetzbar ist (vgl. Hansen, 1990, S. 449; Pepels, 2003, S121).

2.3. Beschwerdemanagement

Allgemein betrachtet ist Beschwerdemanagement das Management von Beschwerden, d.h. der Prozess, wie im Unternehmen / der Organisation mit Beschwerden umgegangen wird. Eine exakte Definition liefert Stauss: „Beschwerdemanagement umfasst einen komplexen unternehmerischen Handlungsbereich, in dem Unzufriedenheitsartikulationen von Kunden angeregt, entgegengenommen, bearbeitet, beantwortet und im Hinblick auf Verbesserungspotentiale ausgewertet werden." (Stauss, 2006, S. 317)

2.4. Beschwerdezufriedenheit

Nach Bruhn ist Beschwerdezufriedenheit „... das Resultat eines Informationsverarbeitungsprozesses des Beschwerdeführers ..., in dem die subjektiven Erwartungen in Bezug auf die Qualitätsdimensionen der Beschwerdebearbeitung und -lösung durch das Unternehmen mit dem tatsächlich eingetroffenen Beschwerdeprozess verglichen und beurteilt werden." (Bruhn, 2003, S. 160) Diese Definition macht deutlich, dass sich die Zufriedenheit nicht auf die Beschwerdelösung allein, sondern auf das Gesamterleben der Beschwerdesituation bezieht und daher diverse Aspekte umfasst. Stauss / Seidel fassen die Aspekte der unternehmerischen

Reaktion, die der Beschwerdeführer bewertet, in die vier Hauptdimensionen Zugänglichkeit, Interaktionsqualität, Reaktionsschnelligkeit und Angemessenheit / Fairness des Ergebnisses zusammen (vgl. Stauss/Seidel, 2002, S. 71f.). Der Gesamtzusammenhang der Beschwerdezufriedenheit wird in Abbildung 1 dargestellt:

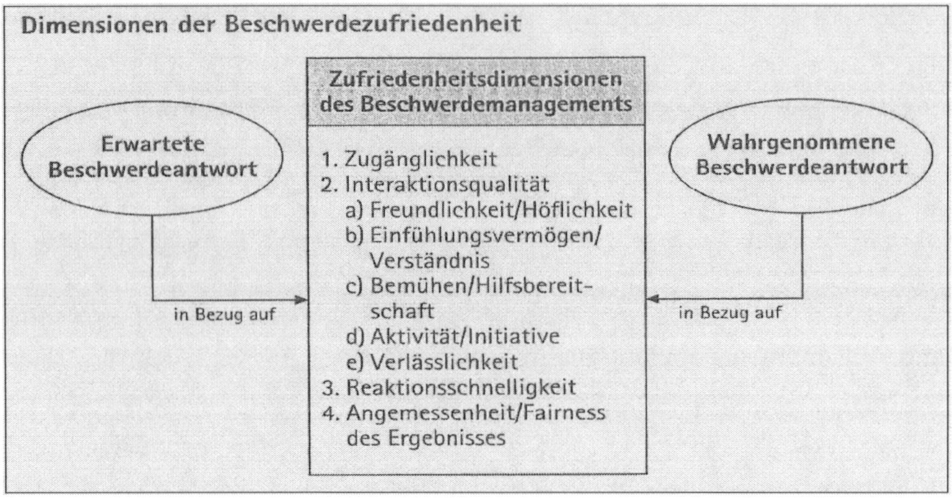

Abbildung 1: Dimensionen der Beschwerdezufriedenheit (Stauss/Seidel, 2002, S. 72)

2.4. Kundenbindung

Der Begriff Kundenbindung wird in der Literatur oft unsauber verwendet und fälschlicherweise synonym zu diversen anderen Begriffen wie Beziehungsmanagement, Markentreue, Produkttreue oder Kundenzufriedenheit gebraucht (vgl. Homburg/Bruhn, 2005, S. 8).

Um eine klare Vorstellung über diesen Begriff zu haben, wird in diesem Buch vom Kundenbindungsbegriff nach Homburg und Bruhn ausgegangen. Demnach umfasst Kundenbindung „... sämtliche Maßnahmen eines Unternehmens, die darauf abzielen, sowohl die Verhaltensabsichten als auch das tastsächliche Verhalten eines Kunden gegenüber einem Anbieter oder dessen Leistungen positiv zu gestalten, um die Beziehung zu diesem Kunden für die Zukunft zu stabilisieren beziehungsweise auszuweiten." (Homburg/ Bruhn, 2005, S.8)

3. Relevanz des Beschwerdemanagements in der Kundenbindung

Das Beschwerdemanagement hat eine sehr hohe Relevanz für die Kundenbindung. Es liefert zum einen Informationen über Beschwerden, die durch entsprechende interne Verbesserungsmassnahmen bewirken können, dass weniger Kunden in Zukunft Grund zur Beschwerde haben und daher stärker gebunden sind:

> „Sich beschwerende Kunden bringen ihre Unzufriedenheit direkt gegenüber dem Unternehmen zum Ausdruck. Damit ermöglichen sie es dem Unternehmen, im Rahmen des Beschwerdemanagements für eine Lösung des Problems zu sorgen, Kundenzufriedenheit wieder herzustellen und darüber Kundenbindung zu erreichen. Insofern zielt das Beschwerdemanagement auf die Stabilisierung der durch Unzufriedenheit gefährdeten Geschäftsbeziehungen." (Stauss/Seidel, 2002, S. 29)

Zum anderen ist der Beschwerdeführer grundsätzlich jemand, der dem Unternehmen die Chance geben möchte, das Problem, welches der Grund der Beschwerde ist, zu lösen. Wird die Beschwerde zur Zufriedenheit des Beschwerdeführers gelöst, ist er weiterhin an das Unternehmen gebunden:

> „Im Zentrum eines aktiven Beschwerdemanagements steht das Ziel, auf artikulierte Unzufriedenheit so zu reagieren, dass diese abgebaut bzw. nach Abschluss des Beschwerdemanagementprozesses die Kunden-zufriedenheit wiederhergestellt ist. Die Wiederherstellung von Kundenzufriedenheit steht wiederum unmittelbar mit dem Ziel der Steigerung der Kundenbindung im Zusammenhang." (Bruhn, 2003, S. 158)

Stauss / Seidel sehen das Beschwerdemanagement in seiner Gesamtheit als Teil des Kundenbindungsmanagements, wobei die Zielgruppe seiner Aktivitäten diejenigen aktuellen Kunden sind, die sich wegen ihrer Unzufriedenheit mit einer Beschwerde an das Unternehmen gewendet haben (vgl. Stauss/Seidel, 2002, S. 35). Die kundenbindungsbezogene Wirksamkeit des Beschwerdemanagements lässt sich im Rahmen des Kosten-Nutzen-

Controlling mit kundenbindungsbezogenen Kalkulationen berechnen (siehe Kapitel 7.3.2.4.).

Des Weiteren bezeichnen Stauss / Seidel das Beschwerdemanagement als ‚wichtigsten Aufgabenbereich des Kundenbindungs- und Kundenbeziehungsmanagements' und begründen dies wie folgt (vgl. Stauss/Seidel, 2002, S. 34):

- Sich beschwerende Kunden werden von sich aus aktiv und müssen nicht wie die Segmente, die im Rahmen von Outbound-orientierten Massnahmen gebunden werden sollen, nach bestimmten Kriterien identifiziert, selektiert und kontaktiert werden

- Sich beschwerende Kunden sind gefährdete Kunden, da sie unmittelbar gefährdete Umsatz- und Deckungsbeitragspotentiale repräsentieren. Daher stellen sie die primäre Zielgruppe von Kundenbindungsstrategien dar.

- Sich beschwerende Kunden befinden sich in einer Problemsituation und wünschen dringlich eine Lösung. Wenn Unternehmen die Lösung anbieten, dann zeigen sie, dass nicht nur die Kunden, sondern auch sie eine Beziehung eingegangen sind und Verantwortung in dieser Beziehung übernehmen, welches eine hervorragende Basis ist, Vertrauen und Bindung beim Kunden zu erreichen und damit die Voraussetzungen für anhaltende Kundenloyalität zu schaffen.

Untersuchungen zeigen, dass eine zur Zufriedenheit des Kunden bearbeitete Beschwerde die Chance eröffnet, aus dem ursprünglich unzufriedenen Kunden einen Stammkunden zu machen. Die Zufriedenheit mit der Beschwerdebearbeitung wird nicht nur durch Kulanz und eine Sachleistung, sondern primär auch durch Entgegenkommen, Einfühlungsvermögen und eine schnelle und unkomplizierte Problemlösung erreicht. Dadurch wird die emotionale Bindung des Beschwerdeführers mit dem Unternehmen deutlich verstärkt (vgl. Töpfer, 2004, S. 472).

„Die Ergebnisse einer Befragung von 1699 Beschwerdeführern eines Dienstleistungskonzerns belegen folgenden Wirkungszusammenhang: Kunden, die mit der Beschwerdebehandlung unzufrieden oder sehr unzufrieden waren, weisen mit 51 Prozent im Durchschnitt einen erheblich niedrigeren Kundenzufriedenheitsindex auf als Kunden, die mit der Beschwerdebehandlung zufrieden oder sehr zufrieden waren. Ihr CSI beträgt 85 Prozent auf der möglichen 100 Prozent-Skala. Bei (diesen) ... Kunden ... differierte der Kundenbindungs-Index nach einer unzureichenden Beschwerdebehandlung mit 42 Prozent gegenüber dem Wert nach einer völlig zufriedenstellenden Beschwerdebehandlung mit 68 Prozent ebenfalls beträchtlich.“ (Töpfer, 2004, S. 472).

Den Sachverhalt, dass durch Beschwerdemanagement Beschwerde-zufriedenheit erreicht werden kann und dass sich durch diese eine stärkere Kundenbindung bildet, ist in empirischen Studien vielfach belegt (vgl. Stauss, 2006, S. 317). Darüber hinaus gibt es im Beschwerdemanagementprozess Massnahmen, wie die Beschwerde-Nachfolgebefragung (siehe Kapitel. 7.25), die direkt kundenbindende Wirkung haben und somit noch stärker zur Kundenbindung beitragen, als ein aktives Beschwerdemanagement ohnehin.

Zufriedengestellte Beschwerdeführer haben tendenziell sogar eine höhere Bindung an das Unternehmen als zufriedene Kunden ohne Beschwerde-grund: „Der Beschwerdeführer ist ... noch zufriedener als der Kunde, der kein negatives kritisches Ereignis erlebt hat. Dies belegt wiederum den außerordentlich hohen Wert eines Beschwerdemanagements für die Kundenbindung.“ (Stauss/Seidel, 2002, S. 74f.)

4. Einordnung des Themenfeldes in Business Excellence-Konzepte

> „Kundenprobleme, die zum Auftreten von Beschwerden führen, machen deutlich, dass das Ziel der Exzellenz noch nicht erreicht ist. Insofern muss ihnen als Qualitätsindikator und Kundeninput für Verbesserungsprozesse maßgebliche Bedeutung eingeräumt werden." (Stauss/Seidel, 2002, S. 43)

Die Wichtigkeit eines kundenorientierten Beschwerdemanagements und der daraus resultierenden Kundenbindung spiegelt sich in Business Excellence-Konzepten wider. Je nach Business Excellence-Konzept wird auf dieses Thema explizit oder weniger explizit eingegangen. Nachfolgend wird hauptsächlich auf die Business Excellence-Konzepte Malcolm Baldridge National Quality Award (MBA) aus den USA und den European Quality Award (EQA) der European Foundation for Quality Management (EFQM) eingegangen.

Den Business Excellence-Konzepten gemeinsam ist, dass sie einen wichtigen Aspekt der Kundenbindung darin sehen, dass es Kunden einfach und unbürokratisch möglich sein sollte, mit den relevanten Mitarbeitern des Unternehmens in Verbindung zu treten. Die Voraussetzungen hierfür sind (vgl. Zink/Bäuerle 2002, S. 345):

- die Identifizierung grundsätzlicher Kundenanforderungen an den Service sowie die Definition entsprechender Servicestandards für die jeweiligen Kundengruppen
- der freie Zugang aller Mitarbeiter mit Kundenkontakt zu kundenbezogenen Daten
- eine entsprechende Entscheidungsbefugnis der Mitarbeiter mit Kundenkontakt, um schnell und unbürokratisch auf die Anforderungen der Kunden reagieren zu können
- eine kontinuierliche Aktualisierung und Auswertung der Kundendaten
- das Führen eines aussagefähigen Kennzahlensystems für Unternehmenseinheiten, die Kundenkontakt haben

Diese Voraussetzungen treffen auch für ein Beschwerdemanagement zu und sind in einem effizienten Beschwerdemanagementprozess enthalten (siehe Kapitel 7).

Der EQA geht nicht so explizit auf das Beschwerdemanagement ein wie der MBA und der Australian Quality Award (AQA). Nichtsdestotrotz ist der Stellenwert des Beschwerdemanagements im EFQM-Modell sehr hoch. Betroffen sind insbesondere die Befähiger-Elemente ‚Führung', ‚Politik und Strategie', ‚Partnerschaften und Ressourcen', ‚Prozesse' sowie die ‚kundenbezogenen Ergebnisse'. Bei ‚Führung' geht es vor allem darum, welchen Stellenwert die Führung dem Beschwerdemanagement zuweist, bei ‚Politik und Strategie', ob Entscheidungen auf Basis von Leistungsmessungen getroffen werden - also auch auf Basis von Beschwerdeanalysen, bei ‚Partnerschaften und Ressourcen', ob beim Informationsmanagement die Beschwerdeinformation als wichtiges Element enthalten sind und bei ‚Prozessen', ob sich diese nach den Kundenbedürfnissen richten und sie kontinuierlich verbessert werden - wozu Kundenbeanstandungen wesentlich beitragen. Auf der Ergebnisseite werden bei ‚kundenbezogenen Ergebnissen' die Beschwerden explizit genannt (vgl. Stauss/Seidel, 2002, S. 43f.).

Der MBA ist etwas konkreter als der EQA. Die Elemente ‚Strategic Planning', ‚Measurement', ‚Analysis, and Knowledge Management', ‚Process Management', ‚Business Results' und ‚Customer and Market Focus' haben Bezug zum Beschwerdemanagement. ‚Strategic Planning' sollte auf Kunden- und Marktbedürfnissen beruhen, welche sich auch auf der Analyse von Kundenbeschwerden stützen sollten. Bei ‚Measurement, ‚Analysis, and Knowledge Management' ist gefragt, wie Kundeninformationen (also auch Beschwerdeinformationen) in die Organisation transferiert werden und im ‚Process Management', dass die Prozesse auf Kundenbedürfnissen beruhen. Bei ‚Business Results', im Unterpunkt ‚Customer Focused Results', sind Kundenbeschwerden (Customer Complaints) explizit erwähnt. Das Element ‚Customer and Market Focus', wo die Organisation Auskunft geben muss über die Art und Weise, wie sie Kundeninformationen (inklusive Beschwerden) verwendet, geht jedoch am stärksten in die Tiefe. Hier werden u.a. konkrete Fragen zum Beschwerdemanagementprozess gestellt, z.B. wie die Organisation sicherstellt, dass Beschwerden schnell und zur Zufriedenheit des Kunden gelöst werden, wie der Beschwerdemanagementprozess aussieht und ob Beschwerden analysiert und aggregiert werden, um sie für Verbesserungsmassnahmen zu nutzen (vgl. Stauss/Seidel, 2004, S. 14f.).

Der MBA geht also explizit auf organisatorische Aspekte eines effizienten Beschwerdemanagements ein und bewertet diese. Der AQA geht beim Beschwerdemanagement sogar einen Schritt weiter: Er thematisiert besonders die Stimulation von Beschwerden, damit vorhandene Beschwerden dem jeweiligen Unternehmen gegenüber geäussert werden (vgl. Zink/Bäuerle 2002, S. 347).

5. Ziele des Beschwerdemanagements

In der Literatur findet man diverse Ziele des Beschwerdemanagements, die einen unterschiedlichen Fokus haben. Nach Stauss / Seidel ist das Globalziel des Beschwerdemanagements die Erhöhung von Gewinn und Wettbewerbsfähigkeit (vgl. Stauss/Seidel, 2002, S. 79). Hier wird vom Shareholderansatz ausgegangen, bei welchem die Gewinnmaximierung und die Wettbewerbsfähigkeit des Unternehmens im Vordergrund stehen. Dies ist inkonsequent im Zusammenhang mit den Ausführungen von Stauss / Seidel zur Rolle des Beschwerdemanagements im Qualitätsmanagement, wo sie in Kapitel 1.4 auf die ganzheitliche Unternehmensführung nach dem EFQM-Modell eingehen, bei welcher die Kundenorientierung eine weitaus wichtigere Rolle spielt als die Gewinnmaximierung. Stauss / Seidel brechen das Globalziel ‚Erhöhung von Gewinn und Wettbewerbsfähigkeit' auf umsatz- und kostenrelevante Teilziele auf und ordnen ihnen folgende Elemente zu (vgl. Stauss/Seidel, 2002, S. 79):

Umsatzrelevante Teilziele:

- Stabilisierung gefährdeter Kundenbeziehungen durch Herstellung von (Beschwerde-)Zufriedenheit
- Erhöhung von Kaufintensität und Kauffrequenz sowie Förderung des Cross-Buying-Verhaltens
- Umsetzung und Verdeutlichung einer kundenorientierten Unternehmensstrategie
- Schaffung zusätzlicher werblicher Effekte mittels Beeinflussung der Mundkommunikation
- Verbesserung der Qualität von Produkten und Dienstleistungen durch Nutzung der in Beschwerden enthaltenen Informationen

Kostenrelevante Teilziele:

- Vermeidung von Abwanderungskosten
- Vermeidung von Auseinandersetzungskosten
- Vermeidung weiterer externer Fehlerkosten
- Vermeidung interner Fehlerkosten

Im Teilziel ‚Umsetzung und Verdeutlichung einer kundenorientierten Unternehmensstrategie' wird zwar auf die Kundenorientierung hingewiesen, jedoch ist diese hier nur Mittel zum Zweck des Globalziels der Erhöhung der Gewinn- und Umsatzmaximierung. Das Teilziel ‚Stabilisierung gefährdeter Kundenbeziehungen durch Herstellung von (Beschwerde-) Zufriedenheit' scheint auch nur instrumentalen Charakter zu haben.

Nach Bruhn steht im „Zentrum eines aktiven Beschwerdemanagements ... das Ziel, auf artikulierte Unzufriedenheit so zu reagieren, dass diese abgebaut bzw. nach Abschluss des Beschwerdemanagementprozesses die Kundenzufriedenheit wieder hergestellt ist. Die Wiederherstellung von Kundenzufriedenheit steht wiederum unmittelbar mit dem Ziel der Steigerung der Kundenbindung in Zusammenhang." (Bruhn, 2003, S. 158) Somit geht Bruhn im Gegensatz zu den Beschwerdemanagementexperten Stauss /

Seidel auch auf die Kundenbindung ein, indem er den Zusammenhang explizit artikuliert.

Gemäss Bruhn ist das zentrale Oberziel des Beschwerdemanagements die Generierung einer hoher Beschwerdezufriedenheit (vgl. Bruhn, 2003, S. 159f.). Dieses Globalziel ist viel stärker mit einer kundenorientierten Unternehmensführung vereinbar, die auch die Interessen des Kunden in den Vordergrund stellt. Erst aus diesem kundenbezogenen Oberziel leitet Bruhn unternehmensbezogene Unterziele in Anlehnung an Stauss / Seidel und Meffert / Bruhn ab und fasst diese sinnvoll zusammen. Diese Unterziele lauten (vgl. Bruhn, 2003, S. 162f.):

- Umsetzung und Verdeutlichung einer kundenorientierten Unternehmensstrategie
- Vermeidung von Opportunitätskosten durch andere Reaktionsformen unzufriedener Kunden
- Auswertung und Nutzung der in Beschwerden enthaltenen Informationen
- Reduzierung interner und externer Fehlerkosten

Eine andere interessante Darstellung der Ziele eines Beschwerdemanagements stellt Graf dar. Gemäss Graf räumt ein Kundenwiderspruch (im Sinne einer Kundenbeschwerde) „... den betroffenen Unternehmen die Chance ein, den Verbraucher wieder zufriedenzustellen und zu halten ... ." (Graf, 1990, S. 24). Auch wenn diese Publikation knapp 20 Jahre alt ist, wird hier die Zufriedenstellung des Kunden als erstes wichtiges Element erwähnt, gefolgt von der Erhaltung des Kunden, was in Richtung Kundenbindung geht.

Der Autor sieht es genauso. Eine Kundenbindung kann beim Beschwerdemanagement nur bei zufriedenen Kunden erreicht werden. Ein Beschwerdemanagement kann aber nur erfolgreich sein wenn die Kunden- bzw. Beschwerdezufriedenheit an erster Stelle steht.

6. Voraussetzungen für ein erfolgreiches Beschwerdemanagement

Um ein erfolgreiches Beschwerdemanagement zu betreiben, müssen die internen Rahmenbedingungen so gestaltet sein, dass sie das Beschwerdemanagement unterstützen. „Dazu gehören vor allem das systematische und sorgfältig aufeinander abgestimmte Management personalpolitischer, organisatorischer und informationstechnologischer Aspekte … ." (Stauss/Seidel, 2002, S. 89)

Der *personalpolitische* Aspekt spielt hier eine besondere Rolle. Wenn Kunden Beschwerden vorbringen, haben Sie es organisationsintern früher oder später mit Mitarbeitern zu tun. Kritisch für die Beschwerdezufriedenheit des Kunden und somit für den Erfolg des Beschwerdemanagements ist oft das Verhalten dieser im Umgang mit dem Beschwerdeführer. „Häufig reagieren Beschwerdeführer emotional und ungehalten, übertreiben und konfrontieren die Mitarbeiter mit persönlichen Vorwürfen. Um in dieser Situation in der Lage zu sein, den Kunden zu beruhigen und ihn dazu zu bringen, für die Lösungsvorschläge zugänglich zu sein, bedarf es spezieller Fähigkeiten und Fertigkeiten." (Stauss/Seidel, 2002, S. 203)

Nach Erfahrungen aus der Praxis besteht im Umgang mit unzufriedenen Kunden sowohl für Mitarbeiter als auch für Führungskräfte ein sehr grosser Schulungs- und Trainingsbedarf. Die Hauptaufgabe entsprechender Schulungen und Trainings ist das Vermitteln und Einüben von kundenorientiertem Verhalten (vgl. Günter, 1998, S. 292 f.).

Die Fähigkeiten der Mitarbeiter, die direkten Kontakt mit sich beschwerenden Kunden haben, müssen und sollen vom Unternehmen gefördert und geschult werden, jedoch sollte das Unternehmen schon bei der Rekrutierung auf die bereits vorhandenen Fähigkeiten der zukünftigen Mitarbeiter achten und diese als Rekrutierungsauswahlkriterium definieren (vgl. Stauss / Seidel, 2002,S. 90).

Folgende Abbildung stellt die im Beschwerdemanagement erforderlichen Mitarbeiterqualifikationen systematisch dar:

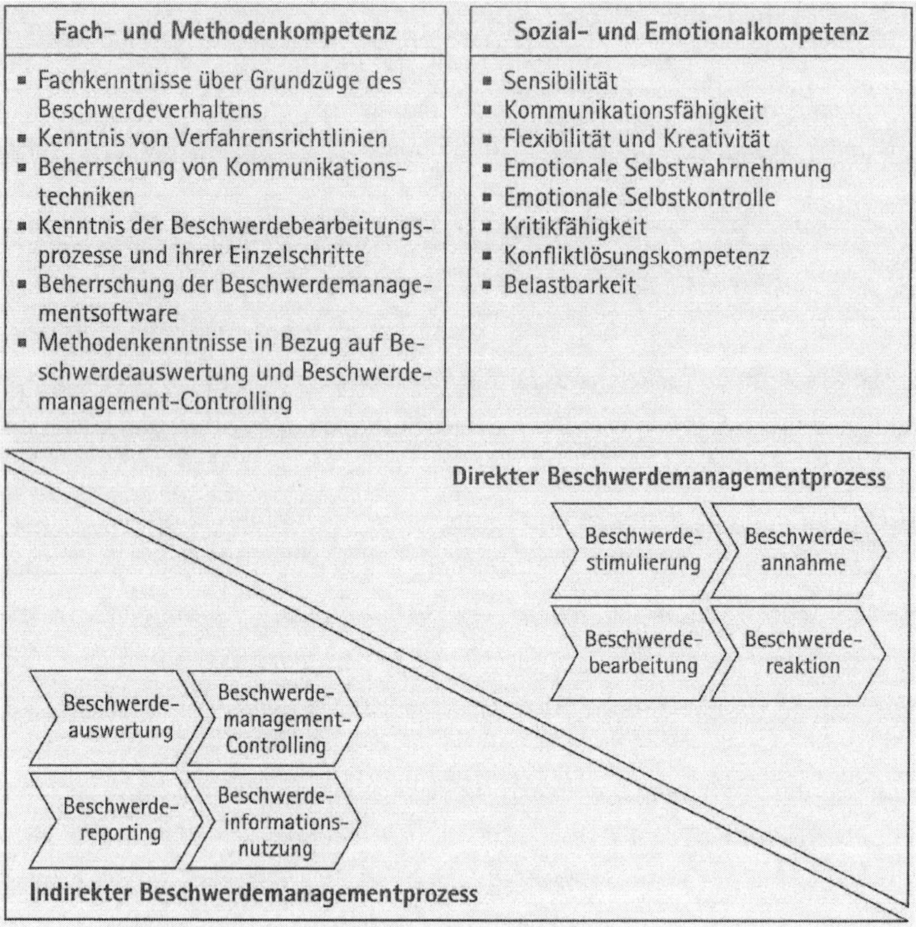

Abbildung 2: Wesentliche Qualifikationen von Mitarbeitern im Beschwerdemanagement (Stauss/Seidel, 2002, S. 462)

Neben der Fach- und Methodenkompetenz ist bei Mitarbeitern, die im Rahmen des Beschwerdemanagements mit Kunden Kontakt haben (d.h. Tätigkeiten des direkten Beschwerdemanagementprozesses durchführen), daher vor allem eine hohe Sozial- und Emotionalkompetenz unabdingbar. Im Gegensatz dazu überwiegt im indirekten Beschwerdemanagementprozess die Fach- und Methodenkompetenz.

Neben der Festlegung der wesentlichen Mitarbeiterqualifikationen, der Bereitstellung und Förderung dieser Qualifikationen, der Rekrutierung entsprechender Mitarbeiter, wird das Beschwerdemanagement auf personalpolitischer Ebene unterstützt durch abgestimmte Anreizsysteme und das Empowerment der Mitarbeiter (vgl. Stauss/Seidel, 2002, S. 90). Das Empowerment besteht in der Zuweisung von grösseren Handlungsspielräumen an die Mitarbeiter, wodurch kundennahes Handeln und schnelle Reaktionen ermöglicht werden (vgl. Günter, 1998, S. 297).

Auf *informationstechnologischer* Ebene unterstützen vor allem Beschwerdeformulare im Internet, die die Kontaktaufnahme bezüglich einer Beschwerde erleichtern und die entsprechenden Informationen der Organisation elektronisch zur Verfügung stellen, sowie Software zum Management der eintreffenden Beschwerden. „Die Aufgaben des Beschwerdemanagements können insbesondere bei erheblichem Beschwerdeaufkommen nicht ohne Verwendung von Softwareprogrammen effizient realisiert werden." (Stauss/Seidel, 2002, S. 90) Ein Beispiel einer Beschwerdemanagementsoftware ist das von der Rödl & Partner Consulting GmbH entwickelte Programm „Sorry!", welches die strukturierte Erfassung, Bearbeitung und Auswertung von Kundenanliegen ermöglicht (vgl. Bruhn, 2003, S. 175).

Auch die *Organisation* sollte so ausgerichtet sein, dass sie einem aktiven Beschwerdemanagement dienlich ist. Dies betrifft sowohl den Zentralisierungsgrad bei der Aufgabenerfüllung, als auch die interne Gliederung und Funktionsverteilung innerhalb des Beschwerdemanagementprozesses sowie die Einordnung in die interne Organisationsstruktur (vgl. Stauss/Seidel, 2002, S. 90). Je nach Branche, Art und Anzahl der Produkte und / oder Dienstleistungen, Grösse des Unternehmens, Kundenzahl etc., ist eine andere Organisationsform vorteilhaft. Dabei ist als Organisationsform neben der zentralen und dezentralen Organisation auch eine Mischform durchaus denkbar.

7. Aufbau eines erfolgreichen Beschwerdemanagementprozesses

7.1. Überblick

Im Folgenden wird ein erfolgreicher Beschwerdemanagementprozess nach Stauss und Seidel über alle Prozessstufen betrachtet. Kennzeichnend für diesen ist, dass er nicht nur die direkt mit der Kundenbeschwerde stehenden Aufgaben aufzeigt, sondern auch die Prozesse, die der Nachbehandlung zwecks Optimierung der bestehenden Prozesse dienen. Dieses Modell löst also nicht nur die „aktuelle" Beschwerde, sondern beschäftigt sich nachgelagert mit der Aufbereitung und Analyse, damit die Organisation sich zukünftig verbessern kann.

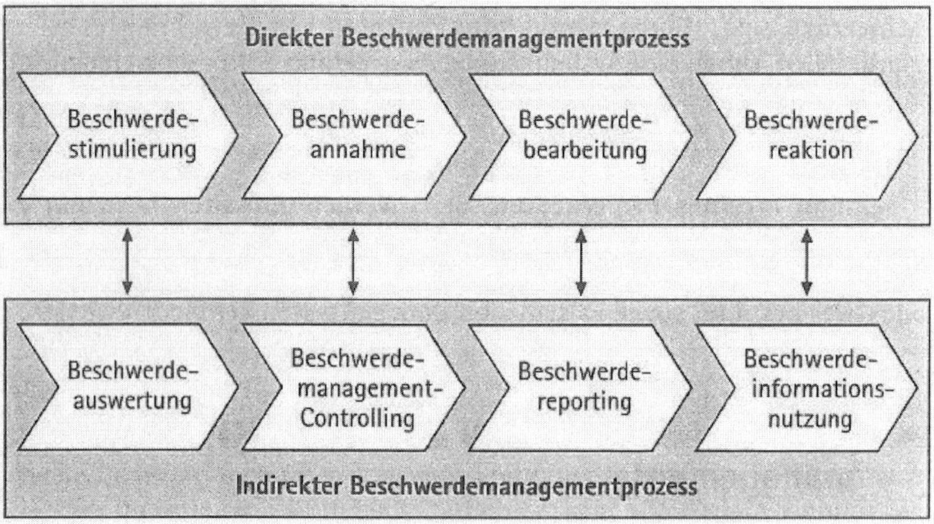

Abbildung 3: Beschwerdemanagementprozess im Überblick (Stauss/Seidel, 2002, S. 82)

Die Prozessstufen dieses Modells sind nach Aufgabenbereichen des Beschwerdemanagements gegliedert. Die einzelnen Stufen stehen miteinander in Beziehung, wobei eine Aufgabe die Voraussetzung für die Ausführung der nachgelagerten Aufgabe sein kann (wie in diesem Fall bei den direkten Beschwerdemanagementprozessen) oder es sonstige Beziehungen zwischen Ihnen geben kann (wie bei den indirekten Prozessen; mehr hierzu in Kapitel 7.3.), was aus der Abbildung 3 „Beschwerdemanagementprozess im Überblick" von Stauss / Seidel leider nicht hervorgeht. So finden die Teilprozesse Beschwerdeauswertung und Beschwerdemanagement-Controlling parallel statt, was sich auch in Abbildung 11 (siehe Kapitel 7.3.) nach Stauss / Seidel widerspiegelt.

Ein anderer Kritikpunkt dieser Darstellung ist die Unklarheit bezüglich der dünnen bidirektionalen Pfeile. Diese Ansicht teilen auch Ramsauer und Walser: „Aus dieser Darstellung könnte abgeleitet werden, dass Interdependenzen ausschliesslich zwischen den mit Pfeilen verbundenen Teilaufgaben bestehen. Weil aber unterschiedliche Interdependenzen zwischen einer Vielzahl von Aufgaben bestehen, wird die Realität mit dieser Darstellung unzureichend abgebildet." (Ramsauer/Walser, 2005, S. 8)

Da der Beschwerdemanagementprozess nach Stauss / Seidel gut ist, die Darstellung aber nicht, hat der Autor diese Abbildung entsprechend abgeändert (siehe Abbildung 4).

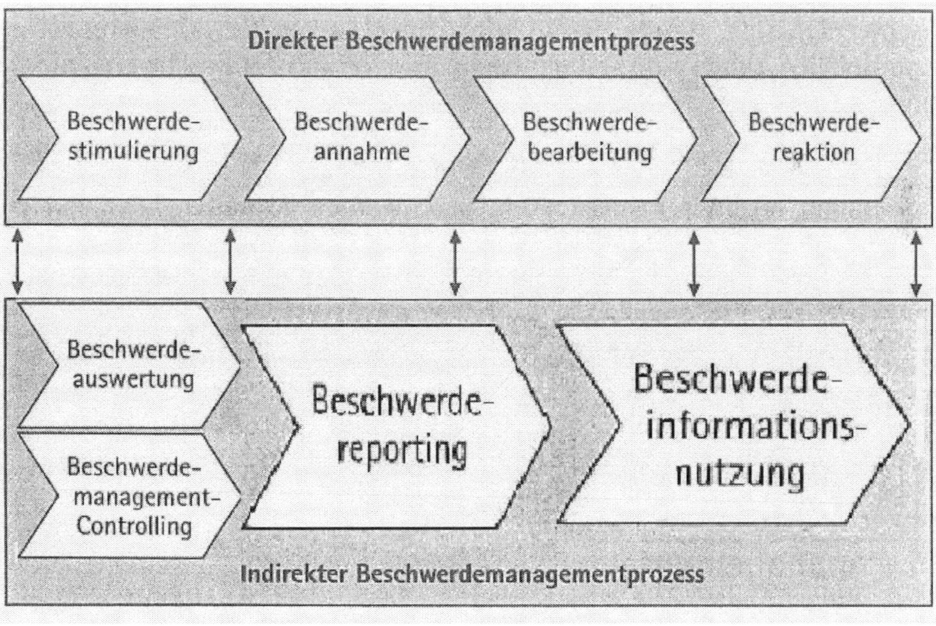

Abbildung 4: Angepasster Beschwerdemanagementprozess im Überblick (angepasst basierend auf Stauss/Seidel, 2002, S. 82)

7.2. Direkte Prozesse

Direkter Beschwerdemanagementprozess bedeutet gemäss Stauss /Seidel, dass „... die Teilaufgaben unmittelbar auf den Einzelfall bezogen sind und darauf abzielen, die individuelle Kundenzufriedenheit zu beseitigen und Beschwerdezufriedenheit zu bewirken." (Stauss/Seidel, 2002, S. 83)

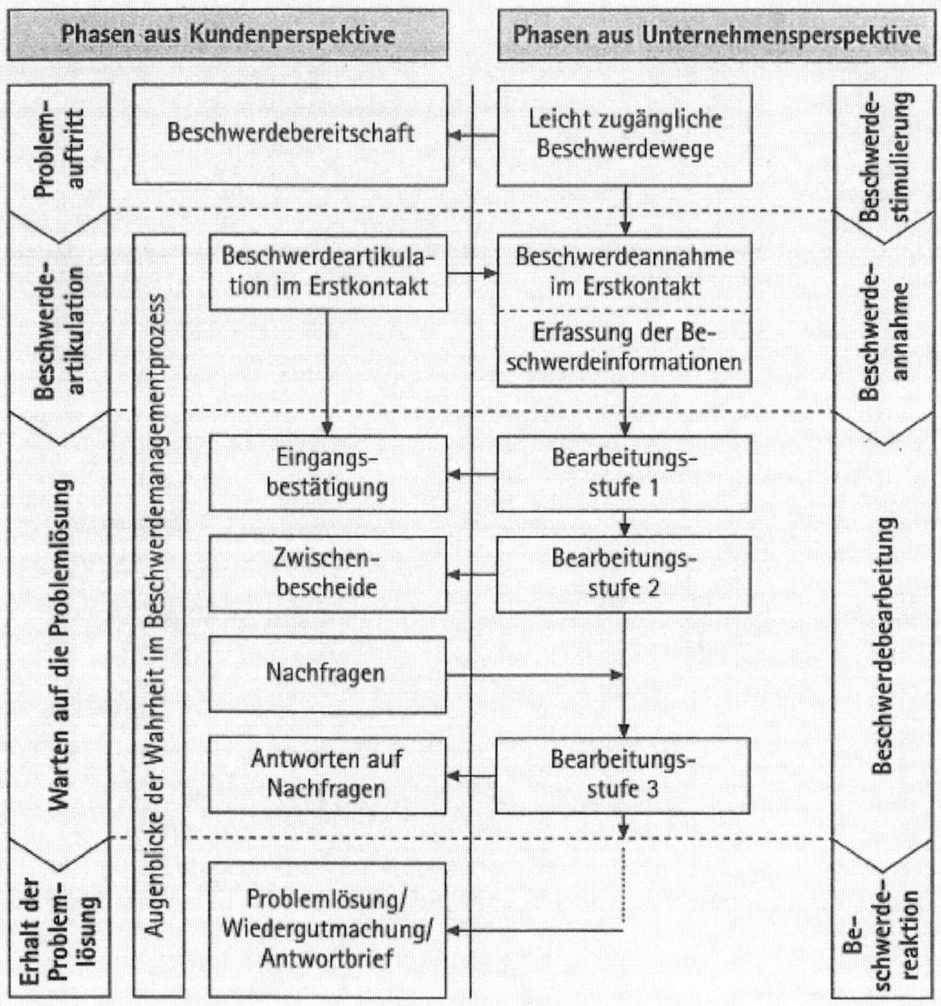

Abbildung 5: Der direkte Beschwerdemanagementprozess (Stauss/Seidel, 2002, S. 84)

Dieser Prozess ist durch die Interaktion zwischen dem sich beschwerenden Kunden und dem Unternehmen gekennzeichnet. Die Beschwerdeaufgaben des direkten Beschwerdemanagementprozesses orientieren sich an der Logik des Beschwerdeablaufs auf Kundenseite und an dem Beschwerdebearbeitungsablauf seitens Unternehmung (siehe Abbildung 5).

Beim direkten Beschwerdemanagementprozess stehen den Phasen des Problemauftritts, der Beschwerdeartikulation, dem Warten auf die Problemlösung und dem Erhalt der Problemlösung aus Kundensicht die Phasen der Beschwerdestimulierung, Beschwerdeannahme, Beschwerdebearbeitung und Beschwerdereaktion aus Sicht der Organisation gegenüber.

Nachfolgend wird der Prozess aus Sicht des Unternehmens erörtert, da diese Perspektive in diesem Buch durchgängig verwendet wird und es sich um einen Themenkomplex aus Sicht der Organisation / des Unternehmens handelt. Die Phasen des direkten Beschwerdemanagementprozesses beziehen sich unmittelbar auf den Umgang mit dem unzufriedenen Kunden und haben das Ziel, den Kunden wieder zufrieden zu stellen und an das Unternehmen zu binden sowie gleichzeitig negative Auswirklungen wie negative Mundpropaganda zu verhindern.

7.2.1. Beschwerdestimulierung

> „Die schlimmste Beschwerde ist die gegenüber dem Unternehmen nicht ausgesprochene Beschwerde, da sie dem Unternehmen keine Chance zur Reaktion ermöglicht.“ (Töpfer, 2004, S. 462)

Wenn ein Unternehmen die Zufriedenheit ihrer Kunden ernst nimmt, sollte es nicht versuchen, so wenige Beschwerden wie möglich zu erhalten, sondern im Gegenteil versuchen so viele Beschwerden wie möglich zu erhalten, da sie daraus Rückschlüsse auf Verbesserungen ziehen kann und potentiell abwanderungswillige Kunden noch binden kann. Das Ziel ist die Minimierung der Kundenunzufriedenheit und Maximierung der Beschwerden (vgl. Stauss/Seidel, 2002, S. 95 ff.).

> „Im Hinblick auf die Kosten, die zur Rück- bzw. Neugewinnung eines einmal verlorenen Kunden aufgewendet werden müssen, sowie auf die Wirkung der negativen Mundpropaganda als wahrscheinliche Reaktion der Nicht-Beschwerer, kann eine Förderung des Beschwerdeverhaltens bei Verbrauchern für Unternehmen ... von Vorteil sein." (Graf, 1990, S. 25)

Um dies zu Erreichen, ist eine der Hauptaufgaben der Beschwerdestimulierung die Schaffung der Voraussetzungen für eine leichte sowie unkomplizierte Beschwerdeführung (vgl. Bruhn, 2003, S. 165). Daher sollten organisationsseitig die Barrieren soweit wie möglich beseitigt werden, die einen potentiell unzufriedenen Kunden daran hindern könnten, seine Beschwerde kund zu tun. Hierzu gehören die Verringerung von zeitlichen und materiellen Kosten des Beschwerdeführers sowie die Einrichtung und Kommunikation von geeigneten Beschwerdewegen (vgl. Stauss/Seidel, 2002, S. 96).

Als Beschwerdeweg kommen verschiedene Formen in Frage: Die Beschwerde kann *mündlich, schriftlich, telefonisch* oder *elektronisch* per E-Mail bzw. Internetformular erfolgen. Welche der Formen zum Einsatz kommen sollte, hängt von der Art der Organisation / des Unternehmens ab, um was für Produkte oder Dienstleistungen es sich handelt und wie geografisch gestreut diese angeboten werden. Es ist naheliegend, dass man einem Frisör eine Beschwerde mündlich kundtun würde oder eine entsprechende Notiz in den hauseigenen „Meckerkasten" werfen würde. Dies ginge bei einer Beschwerde, die ein Werkzeug eines schweizerischen Herstellers betrifft, der die Ware nach Australien exportiert, nicht. Auch macht es oft Sinn, mehrere Beschwerdewege parallel anzubieten.

Der *mündliche Beschwerdeweg* ist vor allem für Dienstleistungsunternehmen sinnvoll, da in diesem Fall die Leistung beim oder in der Anwesenheit des Kunden durchgeführt wird. Der Kunde kann entweder unaufgefordert seine Meinung äussern oder auf Stimulierung, d.h. auf besondere Nachfrage. Vorteilhaft ist hier die schnelle und unkomplizierte Erfassung der Kundenzufriedenheit. Um zu gewährleisten, dass man als Antwort nicht eine

'Freundlichkeitsfloskel" bekommt, macht es Sinn, die Fragen so zu formulieren, dass der Kunde ungeniert Gelegenheit hat, seine potentielle Unzufriedenheit zu äussern. Ein Beispiel hierfür wäre: „Hätten Sie einen Vorschlag, wie wir unsere Leistung verbessern können?" (vgl. Bruhn, 2003, S. 167).

Zum *schriftlichen Beschwerdeweg* gehören Brief, Telefax sowie Meinungskarten. Obwohl der Brief oder das Telefax durch ihre Formalisierung den Kunden mehr Zeit und Mühe kosten als andere Beschwerdewege, haben diese Formen in einigen Fällen ihre Daseinsberechtigung. Dies ist insbesondere der Fall, wenn es sich um einen Haftungsfall handelt, der Kunde sich direkt an die Geschäftsleitung wenden möchte, der Beschwerdeführer bestimmte Umstände 'fixieren' möchte oder ein Muster des beanstandeten Produktes mit dem Brief mitschickt (vgl. Stauss/Seidel, 2002, S. 100). Zudem hat der Beschwerdeführer die Möglichkeit, einen 'Beweis' zu haben, dass er die Beschwerde gesandt hat (beim Brief, wenn er ihn per Einschreiben sendet und beim Fax, durch das Faxprotokoll). Eine Beschwerdestimulierung beim Medium Brief und Fax kann durch die klare Kommunikation erfolgen, wohin der Kunde seine Beschwerden konkret senden kann.

Eine besondere Form der schriftlichen Beschwerdestimulierung ist die Meinungskarte. Es ist eine Antwortkarte, auf welcher der Kunde nach seiner Meinung gefragt wird, was er positiv und was er negativ fand. Die Karten können Produkten beigelegt sein (z.B. bei der Gebrauchsanleitung) oder bei Dienstleistungen in den entsprechenden Räumlichkeiten ausliegen, damit sie in einen „Meckerkasten" bzw. positiv ausgedrückt in eine 'Feedbackbox' zu werfen. Um einen möglichst grossen Beschwerdestimulierenden Effekt zu haben, sollten diese Karten die Möglichkeit bieten, möglichst viel Freitext in eigenen Worten formulieren zu können (vgl. Stauss/Seidel, 2002, S. 100). Des Weiteren sollten Karten, die dem Produkt beigelegt sind, vorfrankiert sein, um dem potentiellen Beschwerdeführer keine Kosten zu verursachen und die Beschwerdehemmschwelle zu senken.

Der *telefonische Beschwerdeweg* hat im Vergleich zum schriftlichen Weg Vorteile sowohl für Kunden als auch für das Unternehmen. Die Beschwerde kommt schnell und unmittelbar beim Unternehmen an, die Beschwerde kann frei vortragen werden, was für den Beschwerdeführer einfacher ist, als die schriftliche Formulierung. Der Beschwerdefall kann sofort bearbeitet werden, und das Unternehmen hat sofort die Möglichkeit, die Kundenzufriedenheit wieder herzustellen. Die Einrichtung einer gebührenfreien Telefonnummer sowie die Schnelligkeit und Einfachheit des telefonischen Kontakts wirken sich beschwerdestimulierend aus (vgl. Bruhn, 2003, S. 169; Stauss/Seidel, 2002, S. 106 ff.).

Der *elektronische Beschwerdeweg* umfasst die Kommunikation durch E-Mail sowie die Kommunikation durch auf Internetseiten hinterlegten Online-Formularen. Der elektronische Beschwerdeweg verbreitet sich durch die zunehmende Popularisierung des Internets sehr rasch. Die Vorteile des elektronischen Beschwerdewegs sind für das Unternehmen die Einsparung von Personalkosten, eine beschleunigte Beschwerdeannahme (vgl. Bruhn, 2003, S. 170), sowie die später leichtere Kategorisierung und Auswertung durch gezielt gestaltete Onlineformulare (vgl. Stauss/Seidel, 2002, S. 108).

Die Vorteile aus Kundensicht sind die Einfachheit, Schnelligkeit und Kostengünstigkeit dieses Mediums. Ausserdem handelt es sich beim elektronischen Beschwerdeweg um ein asynchrones Medium, d.h. dass der Absender und Empfänger der Botschaft nicht gleichzeitig anwesend sein müssen (vgl. Stauss/Seidel, 2002, S. 108). Die Kopplung von Online-Beschwerdeformularen mit Wettbewerben (siehe Beispiel Sparkasse Krefeld) oder alternativ die Möglichkeit, Beschwerden anonym abzugeben, wirken beide zusätzlich beschwerdestimulierend.

Das folgende Beispiel (vgl. Abbildung 6a und Abbildung 6b) stellt eine elektronische Meinungskarte in Form eines Online-Formulars dar. Die Sparkasse Krefeld stimuliert die Meinungsabgabe zusätzlich durch ein Gewinnspiel. Der Kunde wird gebeten, in diversen Kategorien seine Meinung zu äussern indem er aus vorgegebenen Möglichkeiten auswählt (vgl. Abbildung 6a). Diese Art der Abfrage erleichtert dem Unternehmen die spätere Auswertung.

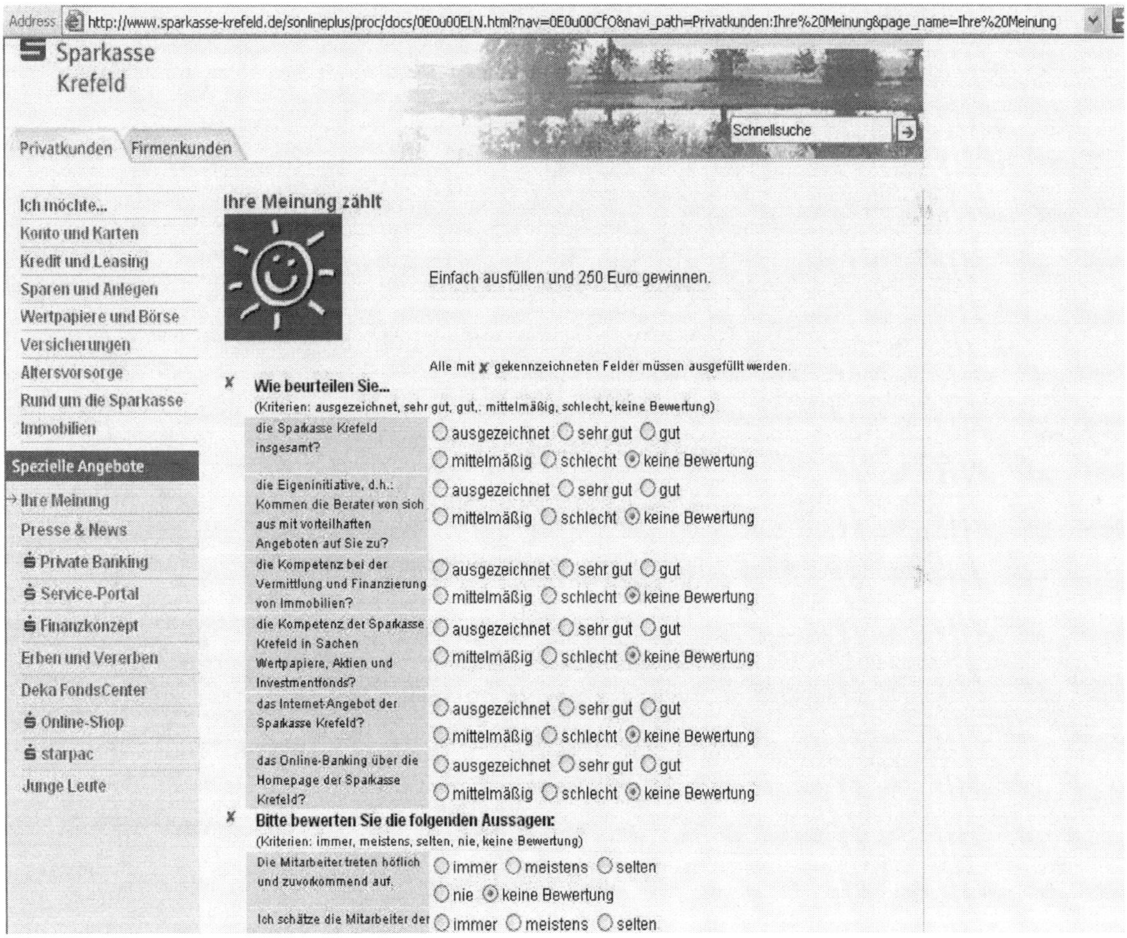
Address http://www.sparkasse-krefeld.de/sonlineplus/proc/docs/0E0u00ELN.html?nav=0E0u00CfO&navi_path=Privatkunden:Ihre%20Meinung&page_name=Ihre%20Meinung

Sparkasse Krefeld

Privatkunden | Firmenkunden | Schnellsuche

Ich möchte...
Konto und Karten
Kredit und Leasing
Sparen und Anlegen
Wertpapiere und Börse
Versicherungen
Altersvorsorge
Rund um die Sparkasse
Immobilien

Spezielle Angebote
Ihre Meinung
Presse & News
Private Banking
Service-Portal
Finanzkonzept
Erben und Vererben
Deka FondsCenter
Online-Shop
starpac
Junge Leute

Ihre Meinung zählt

Einfach ausfüllen und 250 Euro gewinnen.

Alle mit x gekennzeichneten Felder müssen ausgefüllt werden.

x Wie beurteilen Sie...
(Kriterien: ausgezeichnet, sehr gut, gut, mittelmäßig, schlecht, keine Bewertung)

die Sparkasse Krefeld insgesamt? — ausgezeichnet / sehr gut / gut / mittelmäßig / schlecht / keine Bewertung
die Eigeninitiative, d.h.: Kommen die Berater von sich aus mit vorteilhaften Angeboten auf Sie zu? — ausgezeichnet / sehr gut / gut / mittelmäßig / schlecht / keine Bewertung
die Kompetenz bei der Vermittlung und Finanzierung von Immobilien? — ausgezeichnet / sehr gut / gut / mittelmäßig / schlecht / keine Bewertung
die Kompetenz der Sparkasse Krefeld in Sachen Wertpapiere, Aktien und Investmentfonds? — ausgezeichnet / sehr gut / gut / mittelmäßig / schlecht / keine Bewertung
das Internet-Angebot der Sparkasse Krefeld? — ausgezeichnet / sehr gut / gut / mittelmäßig / schlecht / keine Bewertung
das Online-Banking über die Homepage der Sparkasse Krefeld? — ausgezeichnet / sehr gut / gut / mittelmäßig / schlecht / keine Bewertung

x Bitte bewerten Sie die folgenden Aussagen:
(Kriterien: immer, meistens, selten, nie, keine Bewertung)

Die Mitarbeiter treten höflich und zuvorkommend auf. — immer / meistens / selten / nie / keine Bewertung
Ich schätze die Mitarbeiter der — immer / meistens / selten

Abbildung 6a: Online-Meinungsformular der Sparkasse Krefeld, Teil 1 (Sparkasse Krefeld, Internet, Zugriff am 06.10.07)

Am Ende der Online-Meinungskarte, d.h. bevor die persönlichen Daten abgefragt werden, gibt es zudem zwei Felder, in welchen der Kunde seine Meinung im Freitextformat äussern kann (siehe Abbildung 6b). Diese Felder geben dem Kunden die Möglichkeit, alle Details seines Anliegens darzustellen.

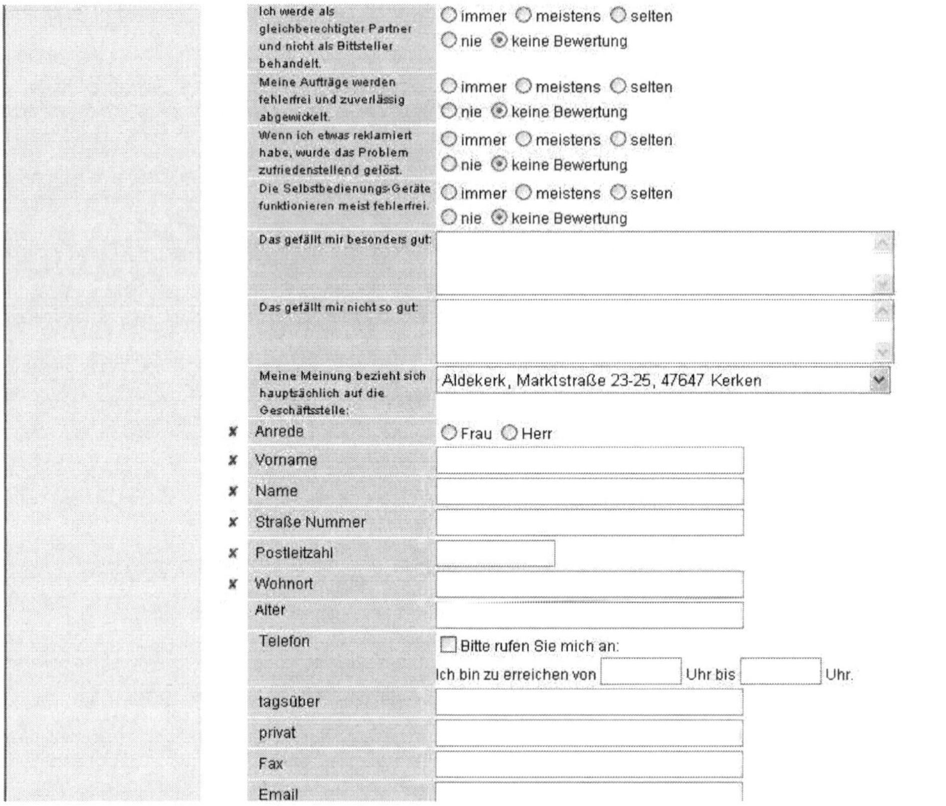
Ich werde als gleichberechtigter Partner und nicht als Bittsteller behandelt. ○ immer ○ meistens ○ selten ○ nie ◉ keine Bewertung
Meine Aufträge werden fehlerfrei und zuverlässig abgewickelt. ○ immer ○ meistens ○ selten ○ nie ◉ keine Bewertung
Wenn ich etwas reklamiert habe, wurde das Problem zufriedenstellend gelöst. ○ immer ○ meistens ○ selten ○ nie ◉ keine Bewertung
Die Selbstbedienungs-Geräte funktionieren meist fehlerfrei. ○ immer ○ meistens ○ selten ○ nie ◉ keine Bewertung
Das gefällt mir besonders gut:
Das gefällt mir nicht so gut:
Meine Meinung bezieht sich hauptsächlich auf die Geschäftsstelle: Aldekerk, Marktstraße 23-25, 47647 Kerken
x Anrede ○ Frau ○ Herr
x Vorname
x Name
x Straße Nummer
x Postleitzahl
x Wohnort
Alter
Telefon ☐ Bitte rufen Sie mich an:
Ich bin zu erreichen von Uhr bis Uhr.
tagsüber
privat
Fax
Email

Abbildung 6b: Online-Meinungsformular der Sparkasse Krefeld, Teil 2 (Sparkasse Krefeld, Internet, Zugriff am 06.10.07)

Des Weiteren muss eine *aktive Kommunikation der Beschwerdewege* durchgeführt werden. Das Ziel ist, die Kunden zur Beschwerdeartikulation aufzufordern und über die bestehenden Beschwerdewege zu informieren. Diese Kommunikation kann durch vorhandene Korrespondenzmittel wie Geschäftspapier, Broschüren oder Visitenkarten geschehen oder auch durch Werbung in den Massenmedien sowie auch durch Kommunikation auf den Produktverpackungen, in Gebrauchsanweisungen, Verpackungsbeilagen etc. (vgl. Bruhn, 2003, S. 170ff; Stauss/Seidel, 2002, S. 111 ff.).

7.2.2. Beschwerdeannahme

In der Beschwerdeannahme stehen insbesondere die *Organisation des Beschwerdeingangs* sowie die *Erfassung der Beschwerdeinformation* im Vordergrund (vgl. Stauss/Seidel, 2002, S. 83).

Bei der *Organisation des Beschwerdeeingangs* sind Verantwortungsstrukturen festzulegen und die Mitarbeiter, die Kundenbeschwerden entgegennehmen, sind entsprechend vorzubereiten. Bezüglich der Verantwortungsstrukturen gibt es zwei grundlegende Möglichkeiten: Die Organisation gemäss dem Prinzip des sogenannten Complaint Ownership oder die Organisation mit einer zentralen Beschwerdeabteilung.

Beim Complaint Ownership Model ist der Mitarbeiter, der als erstes mit der Beschwerde konfrontiert wird, Eigentümer der Beschwerde. Er ist dafür verantwortlich, dass die Beschwerde erfasst und bearbeitet wird. Der Complaint Owner kann das Problem - falls er dazu im Stande ist - selbst lösen oder falls nicht, dieses an fachkompetente Kollegen weiterleiten. Das Complaint Owner Model ist eine Form des Empowerments des im Kundenkontakt tätigen Mitarbeiters. Es ist auch im Sinn des Kunden positiv, wenn die Person, an die sich der Beschwerdeführer wendet, sogleich der Kontakt bzgl. der Beschwerde ist und diese sogar unter Umständen direkt komplett lösen kann. Diese Organisationsform kommt vor allem bei dezentral organisierten Unternehmen, beispielsweise Filialbetrieben einer grösseren Kette, zum tragen (vgl. Bruhn, 2003, S. 172; Stauss/Seidel, 2002, S. 125 ff.).

Die Organisation mit einer zentralen Beschwerdeabteilung bzw. einer zentralen Kundendienst- bzw. Kundenbetreuungsorganisation ist so aufgesetzt, dass die Beschwerdeannahme dort geschieht und die Beschwerden nach Erfassung jeweils weitergeleitet werden. Diese Organisationsform lässt sich vor allem bei Unternehmen finden, bei denen eine telefonische oder schriftliche Beschwerdeführung überwiegt (vgl. Bruhn, 2003, S. 173).

Seitens der Mitarbeiter, die im Erstkontakt mit dem Beschwerdführer sind, muss ein adäquates Verhalten sichergestellt werden, da der Grad der späteren Beschwerdezufriedenheit oft bereits in dieser Phase entschieden wird (vgl. Bruhn, 2003, S. 173). „Für Kunden, die sich nach der bereits unerfreulichen Erfahrung mit einem Produkt oder einer Dienstleistung beim Unternehmen beschweren, stellt der erste Kontakt bei der Artikulation ihrer Beschwerde oft ein Schlüsselerlebnis dar. Je nachdem, ob sie Verständnis und Einfühlungsvermögen oder aber Gleichgültigkeit und Ablehnung erleben, wird entweder ihre ausgeprägte Unzufriedenheit abgebaut oder noch erheblich erhöht." (Stauss/Seidel, 2002, S. 125). Da oft Beschwerdeannahme und -reaktion zusammenfallen, wird der Aspekt, wie ein adäquates Mitarbeiterverhalten im Kontakt mit dem Beschwerdeführer aussehen sollte, in Kapitel 8.2.4. Beschwerdereaktion dargestellt.

Nach dem Erstkontakt bei der Beschwerdeannahme folgt die *Erfassung der Beschwerdeinformation,* bei der es darum geht, die relevanten Informationen schnell, vollständig und strukturiert aufzunehmen. Die Erfassung sollte unternehmensintern einheitlich ablaufen und eine Kategorisierung der Beschwerdeinformationen beinhalten. Der Prozess der Informationsaufnahme kann mit Hilfe von Formblättern oder softwaregestützt mit Hilfe von Eingabemasken erfolgen (vgl. Bruhn, 2003, S. 174). Am vorteilhaftesten ist die Benutzung von spezieller Beschwerdemanagement-Software, bei welcher auch die nachfolgenden Beschwerdebearbeitungsschritte in der gleichen Software bearbeitet werden, was sowohl die spätere Bearbeitung als auch Auswertung dem Unternehmen erleichtert. Eine andere Möglichkeit ist die kundenseitige Erfassung, die mit Meinungskarten oder entsprechenden Online-Eingabemasken erfolgen kann (vgl. Abbildung 6a und 6b).

Die relevanten Informationen lassen sich in Beschwerdeinhalts-Informationen, die sich auf den vom Kunden erlebten Beschwerdevorfall beziehen, und in Beschwerdeabwicklungs-Informationen, die sich auf den innerbetrieblichen Prozess des Umgangs mit der Beschwerde beziehen, unterteilen (vgl. Stauss/Seidel, 2002, S. 125).

Die Beschwerdeinhalts-Informationen nehmen auf, bei wem welches Problem bei welchem Objekt aufgetreten ist. Stauss / Seidel gliedern die Beschwerdeinhalts-Informationen nach Beschwerdeführer-Informationen, Beschwerdeproblem-Informationen und Beschwerdeobjekt-Informationen. Abbildung 7 gibt einen Überblick über diese Beschwerdeinhaltsinformationen und ihre Bestandteile:

Überblick über die zu erfassenden Beschwerdeinhalts-Informationen

Beschwerdeführer-Informationen
- Identität des Beschwerdeführers
  - Angaben zur Person/Organisation des Beschwerdeführers
  - Erreichbarkeit des Beschwerdeführers
  - Interner oder externer Kunde
- Rolle des Beschwerdeführers im Beschwerdeprozess
- Verärgerungsgrad und Verhaltenskonsequenzen
  - Ausmaß der Verärgerung
  - Handlungsabsicht bzw. Verhaltenskonsequenzen

Beschwerdeproblem-Informationen
- Art des Problems
- genaue Umstände des Beschwerdevorfalls
  - betroffene Organisationseinheit
  - Zeitpunkt des Problemauftritts
  - spezifische Situation des Vorfalls
- Problemursache
- Erst- oder Folgebeschwerde

Beschwerdeobjekt-Informationen

Abbildung 7: Überblick über die zu erfassenden Beschwerdeinhalts-Informationen (Stauss/Seidel, 2002, S. 131)

Die Beschwerdeabwicklungs-Informationen beschäftigen sich mit der Frage, auf welche Weise die Beschwerde angenommen, bearbeitet und gelöst wurde. Stauss / Seidel gliedern die Beschwerdeabwicklungs-Informationen in die Gruppen Beschwerdeannahme-Informationen, Beschwerdebearbeitungs-Informationen und Beschwerdereaktions-Infomationen. Prozesstechnisch ist es sinnvoll, so viele dieser Informationen wie möglich direkt nach dem Bearbeiten der Beschwerdeinhalts-Informationen zu ergänzen. Insbesondere betrifft dies die Beschwerdeannahme-Informationen, da es für den Mitarbeiter einfacher ist diese zu ergänzen, solange der Kontakt mit dem Beschwerdeführer nicht lange zurück liegt.

Nicht alle diese Informationen können zum Zeitpunkt der Beschwerdeannahme beantwortet werden (dies betrifft insbesondere die Beschwerdereaktions-Informationen), jedoch sollten die fehlenden Informationen im Laufe des Beschwerdemanagementprozesses sukzessive ergänzt werden. Abbildung 8 gibt einen Überblick über die Beschwerdeabwicklungs-Informationen und ihre Bestandteile:

Überblick über die zu erfassenden Beschwerdeabwicklungs-Informationen

Beschwerdeannahme-Informationen
- Eingangszeitpunkte
  - Artikulationsdatum
  - Eingangszeitpunkt im Unternehmen
  - Eingangszeitpunkt im Beschwerdemanagement
  - Erfassungszeitpunkt
- Beschwerdeweg
- Entgegennehmender Mitarbeiter
- Adressat der Beschwerde

Beschwerdebearbeitungs-Informationen
- Bearbeitungsprozess
- Bearbeitungsverantwortlichkeit
- Bearbeitungsschritte

Beschwerdereaktions-Informationen
- Implikationen für die Unternehmensreaktion
  - Erwartungshaltung des Kunden
  - Gewährleistungs- oder Kulanzfall
  - Reaktionsdringlichkeit
- Unternehmensreaktion
  - Zusagen an den Beschwerdeführer
  - Realisierte Problemlösungs-/Wiedergutmachungsleistung

Abbildung 8: Überblick über die zu erfassenden Beschwerdeabwicklungs-Informationen (Stauss/Seidel, 2002, S. 140)

7.2.3. Beschwerdebearbeitung

Die Beschwerdebearbeitung ist gemäss Bruhn von zentraler Bedeutung für die Erreichung hoher Beschwerdezufriedenheit: „... für die Erreichung einer hohen Beschwerdezufriedenheit (ist) nicht nur das endgültige Beschwerdeergebnis, sondern vor allem der Prozess der Beschwerdebearbeitung von zentraler Bedeutung ....“ (Bruhn, 2003, S. 178)

Die Beschwerdebearbeitung umfasst die Gesamtheit aller internen Bearbeitungsschritte im Rahmen der Fallbehandlung und beschäftigt sich mit der Frage, wer was bis wann und in welcher Reihenfolge macht. Hierzu muss bei der Beschwerdebearbeitung die Definition der *Beschwerdebearbeitungsprozesse* erfolgen, bei welcher dann auch die Klärung der *Verantwortlichkeiten während der Beschwerdebearbeitung*, die *Festlegung von Bearbeitungsterminen*, sowie die *Überwachung der Beschwerdebearbeitung* festgelegt wird (vgl. Stauss/Seidel, 2002, S. 165).

Als erster Schritt muss der *Beschwerdebearbeitungsprozess* selbst definiert werden. Da die Beschwerden von Ihrer Art her sehr unterschiedlich sein können (z.B. bezüglich betroffenem Produkt, Reaktionsdringlichkeit, Problemart, Beschwerdeadressaten oder Beschwerdeweg sowie bezüglich der Frage, ob es eine Erst- oder Folgebeschwerde ist), müssen diese kategorisiert werden, um dem Unternehmen eine einheitliche Prozessdefinition zu ermöglichen. Eine Kategorisierung kann in Abhängigkeit davon erfolgen, ob die für die Beschwerdebearbeitung verantwortliche Abteilung die Beschwerde alleine oder mit Hilfe anderer Unternehmensbereiche bearbeiten kann. Hier wird zwischen drei grundlegenden Prozesstypen unterschieden. Beim Alleinbearbeitungsprozess wird die Beschwerde alleine bearbeitet. Beim Einbeziehungsprozess werden Experten zu einzelnen Sachverhalten zu Rate gezogen, wobei die weitere Bearbeitung und der Abschluss der Beschwerde wieder durch die ursprüngliche Abteilung erfolgt. Wird die Beschwerde an eine andere Abteilung vollständig übergeben, so ändert der Complaint Owner und es handelt sich um einen Abgabeprozess. Nach der Kategorisierung sollten die Prozesse schriftlich konkretisiert und visualisiert werden, damit jedem Mitarbeiter klar ist, in welchen Fall welcher Prozess zum Tragen kommt (vgl. Stauss/Seidel, 2002, S. 165ff.).

Als nächster Prozessmanagement-Schritt sollten *Verantwortlichkeiten während der Beschwerdebearbeitung* festgelegt werden. Stauss / Seidel unterscheiden folgende drei Verantwortlichkeiten (siehe Abbildung 9):

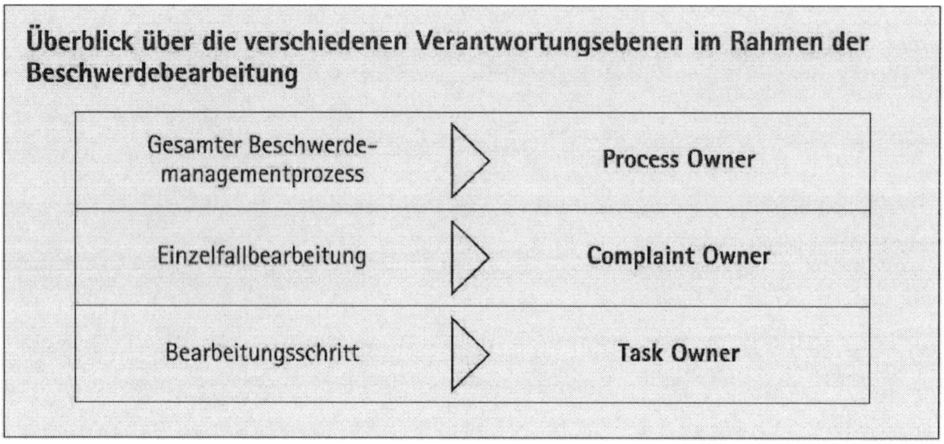

Abbildung 9: Überblick über die verschiedenen Verantwortungsebenen im Rahmen der Beschwerdebearbeitung (Stauss/Seidel, 2002, S. 180)

Der Process Owner gehört der obersten Führungsebene der Organisation an und stellt unabhängig von Funktionen und Abteilungen die Qualität des Gesamtprozesses der Beschwerdebearbeitung sicher und delegiert die Verantwortung für Teilprozesse an die prozessverantwortlichen. Er hat die umfassende Verantwortung und Rechenschaftspflicht für die im Beschwerdemanagement anfallenden Prozesse (vgl. Stauss/Seidel, 2002, S. 180ff.).

Wie bereits beschrieben (siehe Kapitel 7.2.2), ist der Complaint Owner die Person, die als erste mit der Beschwerde konfrontiert wurde und dafür verantwortlich, dass das geschilderte Problem als Beschwerde erfasst und bearbeitet wird. Falls möglich, muss er die Beschwerde unverzüglich lösen. Falls die Beschwerdelösung nicht in seinen Kompetenzbereich fällt, muss der Complaint Owner für die Bearbeitung der Beschwerde bei einer anderen kompetenten Stelle sorgen. Er ist, bis die Beschwerde abschliessend bearbeitet wurde, für die Koordination und Abwicklung des Beschwerdebearbeitungsprozesses verantwortlich (vgl. Stauss / Seidel, 2002, S. 182f.).

Der Task Owner hat einen sehr eingeschränkten Verantwortungsbereich und liefert einen Einzelbeitrag im eigenen Aufgabenfeld. Er ist zuständig für einzelne Beschwerdebearbeitungsschritte wie der Erstellung von Zwischenbescheiden oder der Fallprüfung. Für den Task Owner besteht eine klare Regelung von Aufgabenumfang und Befugnis mit konkreten Handlungsanweisungen, zeitlichen Vorgaben und klar geregelten Kompetenzen (vgl. Stauss/Seidel, 2002, S. 183f.; Töpfer, 2004, S. 479f.).

Eine *Festlegung von Bearbeitungsterminen* muss für jeden Beschwerdebearbeitungsschritt erfolgen. Die Gesamtbearbeitungszeit hat einen grossen Einfluss auf die spätere Beschwerdezufriedenheit des Kunden. Daher gilt es, die Gesamtbearbeitungszeit so gering wie möglich zu halten. Voraussetzung hierfür ist, dass für alle Beschwerdebearbeitungsschritte klare Terminvorgaben vorhanden sind. In der Terminplanung müssen die Durchlaufzeiten, die den externen Kunden betreffen, sowie die unternehmensinternen Durchlaufzeiten für die einzelnen Beschwerdebearbeitungsphasen festgelegt werden. Auf der einen Seite müssen die Terminvorgaben möglichst knapp und mit geringst möglichen unproduktiven Liegezeiten festgelegt werden, auf der anderen Seite muss sie realistisch und von den Mitarbeitern erfüllbar sein (vgl. Stauss/Seidel, 2002, S. 184ff.).

Um einen entsprechenden Dienstleitungsstandard zu gewährleisten, muss eine *Überwachung der Beschwerdebearbeitung* eingeführt sein. Es müssen Mechanismen zur Terminüberwachung sowie zur Einhaltung von Aufgabenprofilen installiert sein. Ein mitarbeiterbezogenes Mahnsystem sollte die Mitarbeiter bei Überschreitung der fixierten Terminvorgaben an die Bearbeitung der jeweiligen Beschwerdeaufgabe eines Beschwerdefalls erinnern. Reagiert der Mitarbeiter auf die Mahnung nicht, sollte die Aufgabe auf die übergeordnete Hierarchiestufe eskaliert werden. Grundsätzlich gilt, je höher die Eskalationsstufe ist, desto nachhaltiger sollte die Verbesserung der Beschwerdebearbeitung sein. Das Aufsetzen eines mitarbeiterbezogenen Mahnsystems sowie eines hierarchie-übergreifenden Eskalationssytems kann nur schwer manuell eingerichtet werden und findet in der Praxis softwaregestützt statt (vgl. Stauss/Seidel, 2002, S. 187ff.; Töpfer, 2004, S. 481).

7.2.4. Beschwerdereaktion

Die Beschwerdereaktion fasst alle Aktivitäten des Beschwerdemanagements zusammen, die der Beschwerdeführer während der Beschwerdeabwicklung wahrnimmt und die sich daher direkt auf seine Beschwerdezufriedenheit auswirken (vgl. Stauss/Seidel, 2002, S. 199). Hierzu gehören die *Problemlösung / Kompensation,* der *generelle Umgang mit dem Beschwerdeführer* sowie die *Form und der Zeitpunkt der Reaktion*. Bruhn charakterisiert die Beschwerdereaktion wie folgt: „Im Vordergrund steht hierbei prinzipiell die Lösung des Problems bzw. die Wiedergutmachung. Hier ist festzulegen, in welchem Zeitraum und in welcher Form auf die eingegangene Beschwerde reagiert werden soll.“ (Bruhn, 2003, S. 166)

Bezüglich der *Problemlösung / Kompensation* lassen sich nach Bruhn grundsätzlich die finanzielle, die materielle und immaterielle Kompensation unterscheiden (vgl. Bruhn, 2003, S. 180):

- Finanzielles Kompensationsangebot
  - Kaufpreiserstattung (Wandelung bzw. Rücktritt § 437, § 441 BGB)
  - Schadensersatzangebot (Schadensersatz § 437, § 439 BGB)
  - Preisnachlassgewährung (Minderung § 437, § 441 BGB)
- Materielles Kompensationsangebot
  - Umtausch (Nachlieferung § 437, § 439 BGB)
  - Reparatur (Nachbesserung § 439 BGB)
  - Wiedergutmachung des entstandenen Schadens durch individuelles Geschenk
- Immaterielle Kompensation
  - Offizielle Entschuldigung
  - Erklärung zu den situativen Faktoren des Beschwerdefalles im Unternehmen

Die Entscheidung, welche der Kompensationsmöglichkeiten bei einer Beschwerde zum Tragen kommt, muss jedoch individuell kunden- und problemgerecht getroffen werden und nicht nur basierend auf den gesetzlichen Bestimmungen des BGB. Bei der Beschwerdereaktion soll auch ein Goodwill seitens des Unternehmens gezeigt werden und der Beschwerdeführer zufriedengestellt werden, was unter anderem auch Kulanzmassnahmen beinhalten kann. Eine Beschwerdereaktion, die alleine auf dem im Gesetz vorgeschriebenem Minimum basiert, ist zu wenig. Des Weiteren sind nicht alle der oben beschriebenen Kompensationsmöglichkeiten in allen Fällen anwendbar. Umtausch oder Reparatur sind beispielsweise bei Dienstleistungen nicht anwendbar.

Andere Kompensationsmöglichkeiten sind wiederum universell anwendbar. Eine offizielle Entschuldigung macht in allen Fällen durchaus Sinn, da sie zur Erhöhung der Beschwerdezufriedenheit beiträgt: „Immaterielle Reaktionen sind grundsätzlich angebracht, unabhängig davon, ob die eigentliche Problemlösung noch eine weitere Reaktionsform erforderlich macht. Mit einer Entschuldigung übernimmt das Unternehmen die Verantwortung für das aufgetretene Problem und trägt dazu bei, auf emotionaler Ebene Unzufriedenheit abzubauen.“ (Stauss/Seidel, 2002, S. 219)

„Bei den kompensatorischen Maßnahmen der Beschwerdereaktion ist häufig nicht der tatsächliche Wert des finanziellen oder materiellen Angebotes, sondern die Art und Weise der Beschwerdereaktion ausschlaggebend für die Erreichung der Beschwerdezufriedenheit.“ (Bruhn, 2003, S. 180). Die Art und Weise der Beschwerdereaktion wird durch den *generellen Umgang mit dem Beschwerdeführer* sowie durch die *Form und den Zeitpunkt der Reaktion* massgeblich bestimmt.

Beim *generellen Umgang mit dem Beschwerdeführer* stellt das Verhalten der Mitarbeiter einen Schlüsselfaktor für die Erreichung einer hohen Beschwerdezufriedenheit dar. Die Mitarbeiter müssen entsprechend geschult sein und die Eigenheiten der Kommunikation mit Beschwerdeführern kennen. Leitlinien und Verhaltensregeln erleichtern hierbei den Mitarbeitern die Kommunikation mit dem Beschwerdeführer. In der Literatur existieren viele Leitfäden für eine optimale Beschwerdekommunikation. Nachfolgend ein Leitfaden für eine telefonische Kommunikation von Brückner, bei welchem sowohl die Kundenreaktion als auch die Mitarbeiterreaktion dargestellt werden (siehe Abbildung 10):

Phase	Wie verhält sich der Kunde?	Wie sollte sich der Mitarbeiter verhalten?
Emotionsphase	»Läßt Dampf ab«, ist reizbar	Aufmerksam zuhören, nicht provozieren lassen
De-Eskalation	Kunde wird ruhiger, wartet auf Reaktionen	Details erfragen, Interesse zeigen
Lösungsphase	Ist in der Regel skeptisch, erwägt das Lösungsangebot, macht gegebenenfalls andere Vorschläge	Erläutert eingehend Lösungsvorschläge, nennt Alternativen und Termine
Schlußphase	Akzeptiert den Lösungs-vorschlag bzw. lehnt ihn ab. Im letzteren Fall: erneute Eskalation	Leitet Lösung in die Wege; entschuldigt sich beim Kunden. Falls keine Lösung: Info an den Vorgesetzten

Abbildung 10: Leitlinie für telefonische Kommunikation mit einem Beschwerdeführer (Brückner, 1997, S. 23)

Eine ähnliche Anleitung liefern Goetsch / Davies, die in ihrem Sieben-Stufen Modell die folgenden Phasen nennen (vgl. Goetsch/Davies, 2004, S. 187):

1. Unterbreche nicht. Erlaube dem Kunden Dampf abzulassen.
2. Höre genau zu.
3. Formuliere die Beschwerde um und wiederhole diese dem Kunden zur Verifikation.
4. Entschuldige Dich kurz.
5. Diskutiere Alternativen zur Problemlösung.
6. Sichere Dir die Zustimmung vom Kunden.
7. Bedanke Dich beim Kunden.

Beiden Darstellungen gemein sind das genaue Zuhören, die Gewährung der Möglichkeit, Frust abzulassen, das Zeigen von Interesse, die Diskussion einer Problemlösung und das Entschuldigen beim Kunden. Diese Leitlinien gelten sowohl für persönlich vorgebrachte Beschwerden als auch analog für schriftlich oder per E-Mail eingehende – bei denen durch das Fehlen eines unmittelbaren Kontakts mit dem Beschwerdeführer der Druck auf den Mitarbeiter geringer ist, da die Mitarbeiterreaktion nicht so zeitnah erfolgt wie beim persönlichen oder telefonischen Kontakt.

Bei der schriftlichen oder durch E-Mail gesandten Beschwerde findet der Beschwerdeeingang beim Unternehmen zeitlich versetzt statt, was aber nicht bedeutet, dass sich das Unternehmen mit der Reaktion Zeit lassen sollte. „Wird die aus Kundensicht als realistisch eingeschätzte Zeitspanne der Beschwerdereaktion überschritten, sinkt die Erfolgsaussicht des Unternehmens auf die Wiederherstellung der Kundenzufriedenheit.“ (Bruhn, 2003, S. 179)

Bezüglich *Form und Zeitpunkt der Reaktion* wird empfohlen, unmittelbar nach Erhalt der Beschwerde ein Bestätigungsschreiben an den Kunden zu senden. Dies kann auch für persönlich oder telefonisch eingegangene Beschwerden sinnvoll sein. Ein Bestätigungsschreiben sollte die folgenden Elemente enthalten (vgl. Stauss/Seidel, 2002, S. 242):

- den Dank für die Einreichung der Beschwerde
- den Eingangszeitpunkt der Beschwerde im Unternehmen
- die Problemzusammenfassung
- das Bedauern für die beim Kunden entstandenen Unannehmlichkeiten
- die vom Unternehmen eingeleiteten Massnahmen
- den voraussichtlichen Erledigungstermin

Ein Bestätigungsschreiben gibt dem Kunden die Sicherheit, dass die Beschwerde beim Unternehmen eingegangen ist und vermittelt ihm das Gefühl, dass das Unternehmen sein Anliegen ernst nimmt.

Wenn sich im Laufe der Beschwerdebearbeitung herausstellt, dass es Abweichungen zu den im Bestätigungsschreiben beschriebenen Elementen gibt wie beispielsweise eine Abweichung von den dem Kunden vorgeschlagenen Massnahmen oder eine Verschiebung des vom Unternehmen genannten Erledigungstermins, dann sollte ein Zwischenbescheid gesandt werden. Hiermit wird dem Eindruck vorgebeugt, der Beschwerdefall sei beim Unternehmen in Vergessenheit geraten oder dass das Unternehmen die Beschwerde doch nicht ernst nehme. Des Weiteren wird beim Beschwerdeführer der Eindruck verstärkt, dass man ihn nicht als Kunden verlieren möchte und sein Anliegen ernst nimmt (vgl. Stauss/Seidel, 2002, S. 244).

Die definitive Beschwerdelösung wird dem Kunden mit einem abschliessenden Antwortbrief mitgeteilt. Die abschliessende Antwort teilt dem Kunden die Problemlösung mit und dass der Beschwerdefall endgültig abgeschlossen ist. Als Elemente sollte er folgendes enthalten (vgl. Stauss/Seidel, 2002, S. 244):

- den Dank für die Beschwerde
- die nochmalige Problemzusammenfassung
- das Bedauern für die beim Kunden entstandenen Unannehmlichkeiten
- das Ergebnis der Problemanalyse
- den Lösungsvorschlag
- bei kundengerechter Problemlösung die Bitte, dem Unternehmen auch in Zukunft treu zu beleiben

In Fällen, bei denen die Problemlösung aus Kundensicht nicht kundengerecht abgeschlossen werden konnte, wird zusätzlich empfohlen, den Kunden persönlich oder telefonisch zu kontaktieren, um ihm die Gründe zu erläutern. Damit soll dem Kunden der gute Wille des Unternehmens signalisiert werden (vgl. Stauss/Seidel, 2002, S. 244).

Ein aktives Beschwerdemanagement impliziert, dass nach Beschwerdeeingang alle Aktivitäten von Unternehmensseite ausgehen sollten, ohne dass dem Kunden weitere Kontaktaufnahmen abverlangt werden. Dies betrifft sowohl die Eingangsbetätigung, den Zwischenbescheid, die abschliessende Antwort als auch jegliche telefonische oder persönliche Kontakte. Die Initiative sollte vom um die Kundenzufriedenheit kämpfenden Unternehmen ausgehen (vgl. Stauss/Seidel, 2002, S. 248).

Mit der Phase der Beschwerdereaktion schliesst der direkte Beschwerdemanagementprozess ab. Als zusätzliche Massnahme, die als Teil der Beschwerdereaktion gilt, sollte noch eine Nachfolgebefragung mit dem Kunden erfolgen (siehe Kapitel 7.2.5).

7.2.5. Nachfolgebefragung als kundenbindende Massnahme

Letzter Schritt im direkten Beschwerdemanagementprozess ist die Nachfolgebefragung, welche versucht herauszufinden, inwieweit die Beschwerdereaktion zur erwünschten Beschwerdezufriedenheit des Kunden führte.

Um die Beschwerdezufriedenheit herausfinden macht es Sinn, sowohl offene Fragen zu stellen, die dem Kunden die Möglichkeit bieten darzustellen, welche Reaktion und Behandlung er sich erwünscht hätte, als auch geschlossene bezüglich der Qualitätsdimensionen des Beschwerdemanagements (siehe Kapitel 2.4), nämlich Zugänglichkeit, Interaktionsqualität, Reaktionsschnelligkeit und Angemessenheit / Fairness (vgl. Stauss, 2006, S. 331)

Ziel der Befragung ist es herauszufinden, ob die Beschwerde zur individuellen Zufriedenheit des Beschwerdeführers abgeschlossen werden konnte und ob sich die Geschäftsbeziehung wirklich stabilisiert hat. Mit dieser Befragung wird das Ziel der Kundenbindung verfolgt (vgl. Stauss/Seidel, 2002, S. 245).

Die Nachfolgebefragung „... besitzt **direkte kundenbindende Wirkung**, da damit echtes Interesse an der Kundenbeziehung durch das Unternehmen demonstriert wird.“ (Stauss/Seidel, 2002, S. 245) Aufgrund der kundenbindenden Wirkung macht es Sinn, eine planmässige Auswahl der zu befragenden Beschwerdeführer auf Basis von Kundenwert und Problemart durchzuführen. So wird sichergestellt, dass in erster Linie die für das Unternehmen wichtigsten Kunden befragt und gebunden werden (vgl. Stauss/Seidel, 2002, S. 245).

Ist der Kunde mit der Beschwerdeabwicklung nicht zufrieden, wird er die Gründe für seine Unzufriedenheit darstellen, was zu einer Folgebeschwerde führen kann. Der befragende Mitarbeiter sollte direkten Zugriff zum Beschwerdefall haben, um so schnell wie möglich zu einer den Kunden zufriedenstellenden Lösung führen zu können (vgl. Stauss/Seidel, 2002, S. 245).

Üblicherweise wird die Nachfolgebefragung telefonisch (vgl. Günter, 1998, S. 292) und zeitnah nach der abschliessenden Antwort durchgeführt (vgl. Stauss/Seidel, 2002, S. 245).

7.3. Indirekte Prozesse

Der indirekte Beschwerdemanagementprozess beinhaltet im Gegensatz zum direkten Beschwerdemanagementprozess keine Interaktion mit dem externen Kunden. Er findet ausschliesslich unternehmensintern statt. In dieser Phase ist der Beschwerdeprozess mit dem Kunden bereits abgeschlossen.

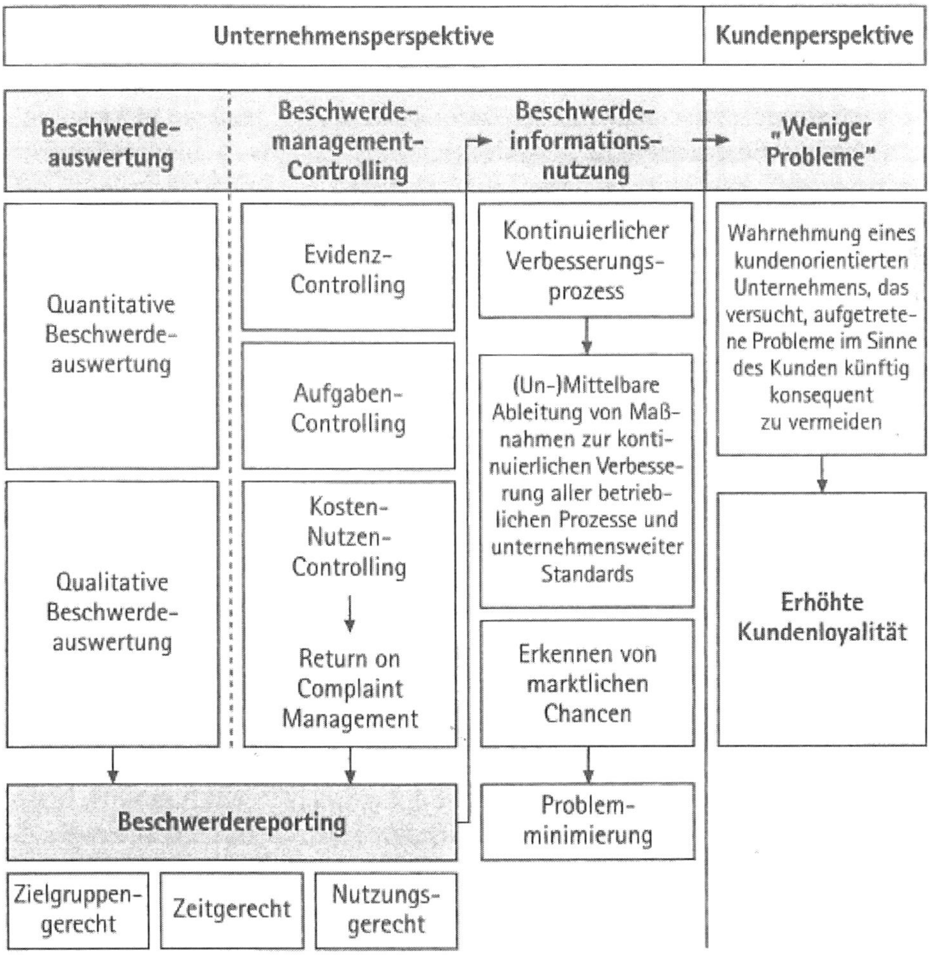

Abbildung 11: Der indirekte Beschwerdemanagementprozess (Stauss/Seidel, 2002, S. 88)

Der indirekte Beschwerdemanagementprozess beinhaltet die Elemente Beschwerdeauswertung, Beschwerdemanagementcontrolling, Beschwerde-reporting und Beschwerdeinformationsnutzung (siehe Abbildung 11). Die Beschwerdeinformationen werden in der Beschwerdeauswertung nach quantitativen und qualitativen Methoden analysiert und zusammen mit den Ergebnissen des Beschwerdemanagementcontrollings den internen Kunden durch das Beschwerdereporting zielgruppengerecht, zeitnah und nutzungsgerecht zur Verfügung gestellt. Die Informationen aus dem Beschwerdereporting werden durch die Beschwerdeinformationsnutzung zur kontinuierlichen Verbesserung verwendet, welches letztendlich in einer zukünftigen Problemminimierung mündet, aus Kundensicht weniger Probleme bedeutet und eine Erhöhung der Kundenloyalität bewirkt.

7.3.1. Beschwerdeauswertung

> „Kundenbeschwerden sind eine wichtige, zudem in der Erhebung kostenlose, Quelle für Verbesserungsmöglichkeiten im Unternehmen.“ (Pepels, 2003, S. 126)

Kundenbeschwerden beinhalten Informationen bezüglich unternehmerischer Schwächen in der Planung, Produktion- bzw. Serviceausführung, Vertrieb, etc. Da sich der Kunde in erster Linie bezüglich eines konkreten Produktes oder einer konkreten Dienstleistung beschwert, sind diese Informationen meist nicht explizit in der Kundenbeschwerde ersichtlich. Die Beschwerdeauswertung holt die Informationen aus den eingehenden Beschwerden systematisch heraus und wertet sie aus. Die Auswertungen sind später die Basis für interne Verbesserungsprozesse. Es wird zwischen *quantitativer* und *qualitativer* Beschwerdeauswertung unterschieden.

Die *quantitative Beschwerdeauswertung* beschäftigt sich mit der Überwachung des Umfangs und der Verteilung des Beschwerdeaufkommens, der Priorisierung der von den Kunden geschilderten Probleme sowie der gezielten quantitativen Aufbereitung der Beschwerdeinformationen. Anwendung finden hier univariate Auswertungsverfahren, die eine Variable analysieren (z.B. Aufteilung des Beschwerdeaufkommens) sowie bivariate Auswertungsverfahren zur Feststellung des Zusammenhangs zwischen zwei Variablen (z.B. Zusammenhang zwischen Beschwerdeobjekt und Problemart). Bei beiden Verfahren werden auch graphische Darstellungsformen wie

Histogramme oder Pareto-Diagramme zur besseren Übersicht verwendet. Ein spezielles Instrument der Beschwerdeanalyse ist die Frequenz-Relevanz-Analyse von Beschwerden (FRAB). Bei der FRAB werden die Frequenz bzw. Häufigkeit eines Problemauftritts sowie die Relevanz in einem Problemwertindex vereinigt. Je höher der Problemwertindex, desto dringender ist der unternehmerische Handlungsbedarf. Die Darstellung erfolgt in einem Pareto-Diagramm, welches in diesem Fall FRAB-Diagramm heisst oder in einer FRAB-Matrix, bei welcher je Problem nur die Kreuzpunkte aus Relevanz und Frequenz eingetragen werden, ohne den Problemwertindex berechnen zu müssen (vgl. Stauss/Seidel, 2002, S. 86 und S. 249ff.).

Die *qualitative Beschwerdeauswertung* wird als zweiter Schritt ausgeführt. Die Ergebnisse der quantitativen Beschwerdeauswertung zeigen innerbetriebliche Schwachstellen auf, liefern aber keine klaren Hinweise auf die problemerzeugenden Ursachen. Deshalb wird bei der qualitativen Beschwerdeauswertung eine systematische Ursachenanalyse betrieben. Die Ursachen sind wiederum der Ausgangspunkt für die Entwicklung von Verbesserungsvorschlägen.

Den Input für die qualitative Beschwerdeauswertung liefert die quantitative Beschwerdeauswertung mit ihren univariaten Häufigkeitsauswertungen, Pareto-Analysen und Kreuztabellen sowie einige der als Freitext verfassten Informationen aus der Beschwerdeannahme. Als Instrument verwendet die qualitative Beschwerdeauswertung Ursache-Wirkungs-Diagramme. Im Ursache-Wirkungs-Diagramm werden für jede Wirkung, d.h. für jedes Problem, mögliche Ursachen, d.h. Einflussgrössen ermittelt. Den Ursachen werden Detailursachen mittels Brainstorming zugeordnet. Danach werden die Detailursachen genauer untersucht, ob sie tatsächlich einen Einfluss auf das aufgetretene Problem haben. Durch systematisches Abarbeiten aller potentiellen Detailursachen wird schliesslich die wirkliche Ursache gefunden (vgl. Stauss/Seidel, 2002, S. 87 und S. 276ff.). Nachfolgend wird in Abbildung 12 ein Beispiel eines Ursache-Wirkungs-Diagramms für das Kundenproblem „Langes Warten am Telefon" gezeigt.

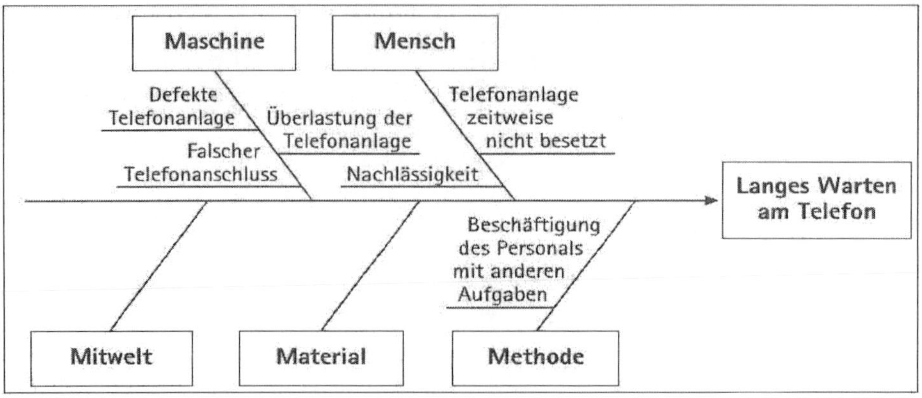

Abbildung 12: Ursache-Wirkungs-Diagramm für das Problem „Langes Warten am Telefon“ (Stauss/Seidel, 2002, S. 279)

7.3.2. Beschwerdemanagement-Controlling

Die Hauptaufgabe des Beschwerdemanagement-Controllings besteht in der Aufbereitung der im Beschwerdemanagement gewonnenen Daten für das Management sowie in der Analyse dieser Daten, um eine Basis für kundenorientierte Entscheidungen zu haben. Zusätzlich umfasst der Aufgabenbereich die Lieferung von Daten bezüglich Effizienz und Effektivität des Beschwerdemanagements. Das Beschwerdemanagement-Controlling umfasst als Teilbereiche das Evidenz-Controlling, das Aufgaben-Controlling und das Kosten-Nutzen-Controlling.

7.3.2.1. Evidenz-Controlling

Ein Grossteil der Kundenbeschwerden wird nicht artikuliert. Den Unternehmen werden nur 5-15% der Beschwerden mitgeteilt, während 85-95% unbekannt bleiben (die sogenannten ‚unvoiced Complaints'). Evident bzw. bekannt ist also nur die Spitze des Eisbergs (siehe Abbildung 13). Dieses Phänomen wird in der Literatur als ‚Eisbergeffekt' bezeichnet, da unbekannt ist, wie gross das Ausmass der versteckten Beschwerden ist, analog zu der Unbekanntheit, wie gross der Teil des Eisbergs ist, der sich unter Wasser befindet (vgl. Stauss/Seidel, 2002, S. 285ff.; o.V., 2002, S.5).

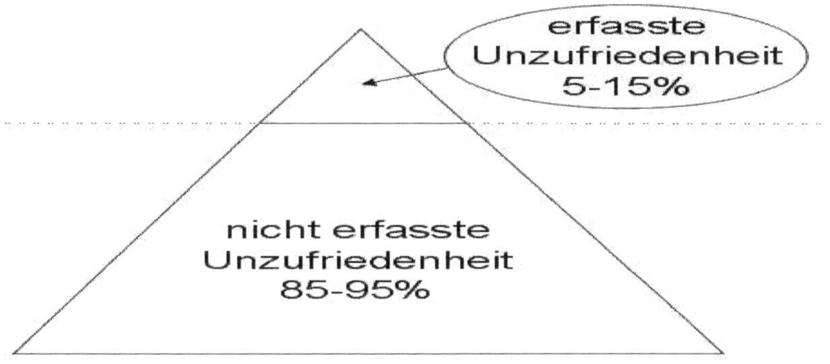

Abbildung 13: Beschwerde – Eisberg: Die erfasste und nicht erfasste Unzufriedenheit (o.V. , 2002, S. 5)

Des Weiteren wird ein Teil der eingegangenen Beschwerden innerhalb des Unternehmens nicht entsprechend weitergeleitet und daher nicht registriert. Grund hierfür ist, dass ein Grossteil der Beschwerdeführer sich beim Kundenkontaktpersonal (z.B. Filialmitarbeitern) beschwert, welches aber nur unzureichend auf Beschwerdesituationen vorbereitet ist und die Beschwerden oft nicht weiterleitet (vgl. Stauss/Seidel, 2002, S. 287).

Das Evidenz-Controlling klärt, inwieweit das Beschwerdemanagement fähig ist, das Ausmass der unter den Unternehmenskunden verbreiteten Unzufriedenheit in Form von Beschwerden evident, d.h. sichtbar zu machen. Zum einen wird das Ausmass nicht artikulierter Beschwerden unzufriedener Kunden erfasst; zum anderen wird der Umfang der vom Kunden artikulierten, aber im Unternehmen nicht registrierten Beschwerden ermittelt. Typische Kennzahlen sind (vgl. Stauss/Seidel, 2002, S. 87 und S. 291):

- Beschwerdequote = Anzahl aller Beschwerdeführer / Gesamtzahl unzufriedener Kunden

- Gesamte Artikulationsquote = Anzahl aller Beschwerdeführer / Gesamtzahl unzufriedener Kunden

- Registrierte Artikulationsquote = Anzahl aller registrierter Beschwerdeführer / Gesamtzahl unzufriedener Kunden

- Beschwerde-Evidenzquote = Anzahl der im Unternehmen erfassten Beschwerden / Anzahl der insgesamt artikulierten Beschwerden

7.3.2.2. Aufgaben-Controlling

Das Aufgaben-Controlling beschäftigt sich mit der Überwachung der Aufgabenerfüllung des Beschwerdemanagements. Die Überwachung findet anhand von aussagefähigen Standards statt, die objektive und subjektive Komponenten enthalten können. Die Erfüllung sowie die Angemessenheit dieser Standards muss laufend überprüft werden (vgl. Stauss/Seidel, 2002, S. 87).

Für die Ermittlung dieser Standards werden pro Beschwerdemangement-Teilaufgabe Qualitätsdimensionen ausgewählt und jeweils Indikatoren festgelegt. Nachfolgend wird in Abbildung 14 ein Beispiel für Qualitätsdimensionen und objektive Leistungsindikatoren der Beschwerdestimulierung dargestellt:

Aufgabe	Qualitätsdimensionen	Objektive Leistungsindikatoren	
Beschwerde-stimulierung	Leichte Zugänglichkeit	Telefonische Erreichbarkeits-quote (TEQ) =	Anzahl der angenommenen Telefonanrufe / Gesamtzahl der Anrufversuche
		Telefonische Sofortannahme-quote (TAQ) =	Anzahl der „sofort" angenommenen Telefonanrufe / Gesamtzahl der Anrufversuche
	Richtige Adressierung der Kundenbeschwerden	Adressatenquote (ADQ) (Beschwerde-Center) =	Anzahl der im Beschwerde-Center eingangenen Beschwerden / Gesamtzahl der Beschwerden
	Nutzung eingerichteter Beschwerdewege	Beschwerdeweg-quote (BWQ) (Telefon) =	Anzahl der telefonischen Beschwerden / Gesamtzahl der Beschwerden

Abbildung 14: Qualitätsdimensionen und objektive Leistungsindikatoren der Beschwerdestimulierung (Stauss/Seidel, 2002, S. 318)

Pro Leistungsindikator werden Soll-Vorgaben definiert, die in einem nächsten Schritt den Ist-Werten gegenübergestellt werden (siehe Abbildung 15). Eine grosse negative Diskrepanz im Soll-Ist-Vergleich bzw. ein geringer Erfüllungsgrad der Soll-Vorgaben führt im nächsten Schritt zu einer Abweichungsanalyse, welche dann als Basis für Korrekturmassnahmen des Beschwerdemanagementprozesses dient.

Leistungsindikator	Soll-Vorgabe	Ist-Wert	Diskrepanz	Erfüllungsgrad (=Ist/Soll)
Adressatenquote	80%	95%	+15%	119%
Beschwerdewegquote	75%	60%	-15%	80%
Telefonische Erreichbarkeitsquote	90%	85%	-5%	94%
Telefonische Sofortannahmequote	80%	55%	-25%	69%

Abbildung 15: Diskrepanz- und Erfüllungsgrad-Ermittlung am Beispiel der Beschwerdestimulierung (Stauss/Seidel, 2002, S. 320)

7.3.2.3. Kosten-Nutzen-Controlling

Die Aufgabe des Kosten-Nutzen-Controlling besteht in der Beurteilung der Wirtschaftlichkeit des Beschwerdemanagements und der Ermittlung seines Beitrags zum Unternehmenserfolg. Dazu werden die für das Beschwerdemanagement eingesetzten Mittel (Arbeitskraft, Systeme etc.) sowie der durch das Beschwerdemanagement entstandene Nutzen (Kundenbindung, Wieder- und Mehrkäufe, positive Kommunikationseffekte etc.) quantifiziert und monetär bewertet. Zur Quantifizierung und monetären Bewertung werden Mittel der traditionellen Kostenrechnung wie Kostenartenrechnung, Kostenstellenrechnung und Kostenträgerrechnung sowie die Prozesskostenrechnung benutzt. Danach werden die Beschwerdemanagement-Kosten dem Beschwerdemanagement-Nutzen gegenübergestellt (vgl. Stauss/Seidel, 2002, S. 329).

7.3.2.4. Kundenbindungsbezogene Kalkulationen

Als Teil des Kosten-Nutzen-Controlling können kundenbindungsbezogene Kalkulationen durchgeführt werden. Als Datenbasis dienen hierzu repräsentative Kundenzufriedenheits- und Beschwerdezufriedenheitsbefragungen. Nach einem mehrfachen Segmentierungsprozess nach Beschwerde-Anlass, Verhalten, Zufriedenheit, Geschäftsbeziehungs-Status und Bedeutung der Beschwerdeabwicklung für die Geschäftsbeziehungs-Aufrechterhaltung, kann die Anzahl der durch das Beschwerdemanagement gebunden Kunden ermittelt werden. Die monetäre Quantifizierung dieser durch das Beschwerdemanagement gebundenen Kunden erfolgt unter Hinzuziehung der Gewinnbeiträge der Kunden. Die Anzahl der gebundenen Kunden wird mit den kunden-individuellen Gewinnbeiträgen (bzw. mit einem durchschnittlichen Gewinnbeitrag) multipliziert (vgl. Stauss/Seidel, 2002, S.362ff.).

7.3.3. Beschwerdereporting

Das Beschwerdereporting umfasst empfängergerechte Zurverfügungstellung der Informationen primär aus der Beschwerdeauswertung sowie sekundär aus dem Beschwerdemanagement-Controlling. Bevor die Informationen den internen Zielgruppen wie beispielsweise Geschäftsführung, Qualitätssicherung oder Key Account Management zur Verfügung gestellt werden, müssen diese auf geeignete Weise zusammengefasst und aufbereitet werden. Die Informationen enthalten sowohl quantitative Daten als auch qualitative. Das Beschwerdereporting kann *aktiv* als ‚Informations-Push' stattfinden oder *passiv* als ‚Informations-Pull', wenn die Informationen auf besonderen Wunsch zur Verfügung gestellt werden (vgl. Stauss/Seidel, 2002, S. 413).

Das *aktive Beschwerdereporting* findet in bestimmten Intervallen statt. Es umfasst sowohl beschwerdebezogene als auch beschwerdemanagement-bezogene Informationen. Die beschwerdebezogenen Informationen beinhalten Informationen über Schwächen von Produkten, Dienstleistungen und Prozessen sowie Informationen bezüglich der dadurch entstandenen

Fehlerkosten. Die beschwerdemanagementbezogenen Informationen enthalten Informationen über die Stärken und Schwächen des Beschwerdemanagements, Informationen über die Kundenbindung, welche Auskunft über die Zahl der durch das Beschwerdemanagement gehaltenen Kunden geben, sowie Informationen über die Rentabilität des Beschwerdemanagements (vgl. Stauss/Seidel, 2002, S. 414 ff.).

Das *passive Beschwerdereporting* stellt Informationen auf speziellen Wunsch interner Anspruchsgruppen zu Verfügung. Es sind grundsätzlich detaillierte oder spezielle beschwerdebezogene Informationen, die individuell erstellt werden müssen. Beispielsweise kann ein Key Account Manager vor einem wichtigen Kundenmeeting eine Zusammenfassung aller eingegangen Beschwerden seines Kunden wünschen, inklusive Status und Ausgang dieser Beschwerden. Würde Ihn der Kunde auf bestimmte Beschwerdevorfälle ansprechen, könnte er diesbezüglich problemlos Stellung beziehen.

7.3.4. Beschwerdeinformationsnutzung

Eine aktive Nutzung der erfassten Beschwerdeinformationen stellt sicher, dass die Informationen aus dem Beschwerdemanagement für Verbesserungsmassnahmen genutzt werden und somit einen wesentlichen Beitrag für das Qualitätsmanagement leisten können. Die aktive Anwendung folgender Managementmassnahmen und -instrumente unterstützt die aktive Beschwerdeinformationsnutzung (vgl. Stauss/Seidel, 2002, S. 425 ff.):

- Anwenden von Qualitätsplanungstechniken zur Problemlösungsentwicklung wie z.B. Histogramme oder Ursache-Wirkungs-Analysen (siehe Kapitel 7.3.1)

- Einbeziehen von Beschwerdeinformationen in die Arbeit von Qualitätsverbesserungsteams und Qualitätszirkeln

- Nutzen der Problemlösungskompetenz von Beschwerdeführern z.B. durch internetbasierte Kundenbeschwerde-Foren

- Integration von Beschwerde- und Beschwerdemanagementinformationen in ein Kundenwissensmanagement. Dem Beschwerdemanagement kommt im Kundenwissensmanagement eine Schlüsselstellung zu, da es als ‚Experte für Kundenanliegen' unternehmensintern über die besten Kenntnisse in Bezug auf die vom Kunden wahrgenommenen Wissensdefizite verfügt. Nachfolgende Abbildung zeigt die Integration der Beschwerdemanagement-Informationen im Kundenwissensmanagement-Zyklus.

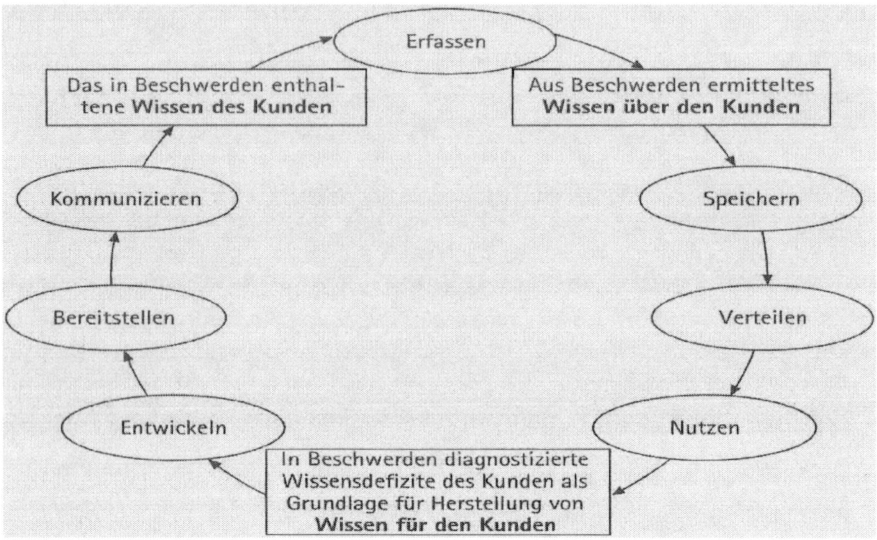

Abbildung 16: Beschwerdeinformationen als wesentlicher Bestandteil des Kundenwissensmanagement-Zyklus (Stauss/Seidel, 2002, S. 452)

8. Zusammenfassung

Das Ziel der vorliegenden Buches war zu erörtern, wie Beschwerdemanagement zur Kundenbindung beiträgt und wie dabei ein erfolgreiches Beschwerdemanagement gestaltet sein sollte, um dem Ziel der Kundenbindung förderlich zu sein.

Beschwerdemanagement kann in sehr hohem Masse zur Kundenbindung beitragen, was diverse Studien belegen. Damit dies der Fall ist, muss es den Beschwerdeführer zufrieden stellen. Um dies zu gewährleisten, muss das Beschwerdemanagement seriös betrieben und aktiv ausgerichtet sein.

Zum seriösen Betrieb eines Beschwerdemanagements gehört, dass es in ein Business Excellence Konzept eingerahmt ist und dass das Ziel der Kunden- bzw. Beschwerdezufriedenheit als oberstes Ziel beim Beschwerdemanagement definiert ist. Des Weiteren müssen die entsprechenden Ressourcen (Technologie, Personal, Organisation) in entsprechender Menge und Qualität zur Verfügung gestellt werden. Von besonderer Bedeutung ist hierbei das Personal. Qualifiziertes und motiviertes Personal ist für die Sicherstellung einer hohen Interaktionsqualität mit dem Beschwerdeführer unabdingbar. Die Interaktionsqualität ist eine der Hauptdeterminanten für die spätere Beschwerdezufriedenheit des Beschwerdeführers.

Das Beschwerdemanagement muss aktiv ausgerichtet sein. Das betrifft sowohl die direkten als auch die indirekten Prozesse. Da nur ein sehr geringer Teil der unzufriedenen Kunden Beschwerden einreicht, ist die Beschwerdestimulierung eins der Schlüsselelemente eines aktiven Beschwerdemanagements. Sie animiert den Kunden, die potentielle Beschwerde unbedingt einzureichen. Nur bei eingegangenen Beschwerden kann die Beschwerde bearbeitet, der Kunde zufriedengestellt und letztendlich gebunden werden. Bei der Beschwerdebearbeitung ist darauf zu achten, dass alle Schritte, die den Kunden betreffen, schnell durchgeführt werden und dass ein aus kundenperspektive zufriedenstellendes Ergebnis für den Beschwerdeführer erreicht wird. Eine Nachfolgeberagung stellt sicher, dass dieses Ziel erreicht wurde und wirkt zudem selbst direkt kundenbindend.

Des Weiteren stellt ein aktiver Beschwerdemanagementprozess durch seinen systematischen Prozess, d.h. durch die strukturierte Beschwerde-Erfassung, das Beschwerdemanagement-Controlling und -Reporting sowie die Beschwerdeinformationsnutzung sicher, dass es intern zu Verbesserungsmassnahmen kommt, welche wiederum sicherstellen, dass ein erneuter Problemauftritt vermieden wird.

Literaturverzeichnis

Brückner, Michael (1997)
Reklamationsmanagement: Wie aus Beschwerden Chancen werden, Wirtschaftsverlag Ueberreuter, Wien

Bruhn, Manfred (2003)
Kundenorientierung – Bausteine eines exzellenten Unternehmens, 2. Auflage, Deutscher Taschenbuch Verlag, München

Goetsch, David; Davis, Stanley (2004)
Effective Customer Service – Ten Steps for Technical Professions, Pearson Education, Upper Saddle River, New Jersey

Graf, Karin (1990)
Die Behandlung von Verbraucherbeschwerden in Unternehmen, Duncker & Humblot, Berlin

Günter, Bernd (1998)
Beschwerdemanagement, in: Simon, Hermann; Homburg, Christian (Hrsg.): Kundenzufriedenheit: Konzepte – Methoden – Erfahrungen, 3. Auflage, Gabler Verlag, Wiesbaden, S. 283 - 299

Hansen, Ursula (1990)
Absatz- und Beschaffungsmarketing des Einzelhandels - Eine Aktionsanalyse, 2. Auflage, UTB für Wissenschaft, Stuttgart

Homburg, Christian; Bruhn, Manfred (2005)
Kundenbindungsmanagement – Eine Einführung in die theoretischen und praktischen Problemstellungen, in: Bruhn, Manfred; Homburg, Christian (Hrsg.): Handbuch Kundenbindungsmanagement – Strategien und Instrumente für ein erfolgreiches CRM, 5. Auflage, Gabler Verlag, Wiesbaden, S. 3 - 37

Kotler, Philip; Bliemel, Friedhelm (1999)
Marketing-Management: Analyse, Planung, Umsetzung und Steuerung, 9. Auflage, Schäffer-Poeschel Verlag, Stuttgart

Krüger-Strohmayer, Sabine (2000)
Profitabilitätsorientierte Kundenbindung durch Zufriedenheitsmanagement – Kundenzufriedenheit und Kundenwert als Steuerungsgröße für die Kundenbindung in marktorientierten Dienstleistungsunternehmen, Schriftenreihe Schwerpunkt Marketing, 2. Auflage, FMG-Verlag, München

o.V. (2002)
Information zum Beschwerdemanagement als Instrument zur Kundenbindung, TripleS Consulting, Hamburg

Pepels, Werner (2003)
Grundzüge des Beschwerdemanagements, in: Helme, Stefan, Uebel, Matthias F., Dangelmaier, Wilherlm (Hrsg.): Effektives Customer Relationship Management: Instrumente – Einführungskonzepte – Organisation, 3. Auflage, Gabler Verlag, Wiesbaden, S. 117 - 131

Ramsauer, André; Walser, Konrad (2005)
Entwicklung eines Prozessmodells für das Beschwerdemanagement; Institut für Wirtschaftsinformatik der Universität Bern, Arbeitsbericht Nr. 169, 2. Auflage, Universität Bern

Schöber, Peter (1997)
Organisatorische Gestaltung von Beschwerdemanagement-Systemen, Lang, Frankfurt am Main u.a.

Sparkasse Krefeld (2007)
http://www.sparkasse-krefeld.de/sonlineplus/proc/docs/0E0u00ELN.html?nav=0E0u00CfO&navi_path=Privatkunden:Ihre%20Meinung&page_name=Ihre%20Meinung
Zugriff am 06.10.07

Stauss, Bernd (2005)
Kundenbindung durch Beschwerdemanagement, in: Bruhn, Manfred; Homburg, Christian (Hrsg.): Handbuch Kundenbindungsmanagement: Strategien und Instrumente für ein erfolgreiches CRM, 5. Auflage, Gabler Verlag, Wiesbaden, S. 315 - 342

Stauss, Bernd (2006)
Beschwerdemanagement als Instrument der Kundenbindung, in: Hinterhuber, Hans; Matzler, Kurt (Hrsg.) (2006): Kundenorientierte Unternehmensführung: Kundenorientierung, Kundenzufriedenheit, Kundenbindung, 5. Auflage, Gabler Verlag, Wiesbaden, S. 315 - 334

Stauss, Bernd; Seidel, Wolfgang (2002)
Beschwerdemanagement – Kundenbeziehungen erfolgreich managen durch Customer Care, 3. Auflage, Carl Hanser Verlag, München, Wien

Stauss, Bernd; Seidel, Wolfgang (2004)
Complaint Management: The Heart of CRM, American Marketing Association, Thomson Business and Professional Publishing, Ohio

Töpfer, Armin (2004):
Beschwerdemanagement, in: Hippner, Hajo; Wilde, Klaus D. (Hrsg.): Grundlagen des CRM – Konzepte und Gestaltung, Gabler Verlag, Wiesbaden, S. 457 - 494

Wimmer, Frank; Roleff, René (2001)
Beschwerdepolitik als Instrument des Dienstleistungsmanagements, in: Bruhn, Manfred; Meffert, Heribert (Hrsg): Handbuch Dienstleistungsmanagement, 2. Auflage, Gabler Verlag, Wiesbaden, S. 315-335

Zink, Klaus J. (1998)
Bewertung ganzheitlicher Unternehmensführung am Beispiel des Ludwig-Erhard-Preises für Spitzenleistung im Wettbewerb, Carl Hanser Verlag, München u.a.

Zink, Klaus J.; Bäuerle, Thomas (2002)
Kundenorientierung und –zufriedenheit in Business Excellence-Konzepten, in: Hinterhuber, Hans; Matzler, Kurt (Hrsg.): Kundenorientierte Unternehmensführung: Kundenorientierung, Kundenzufriedenheit, Kundenbindung, Gabler Verlag, Wiesbaden, S. 329-357

1054616

Printed in Germany by
Amazon Distribution
GmbH, Leipzig